ヤマケイ文庫

# 花は自分を誰ともくらべない

47の花が教えてくれたこと

Inagaki Hidehiro　稲垣栄洋

Yamakei Library

# はじめに

世の中には、さまざまな花がある。

春に咲く花もあれば、秋に咲く花もある。

白い花もあれば、赤い花もある。

しかし、不思議である。どうして、自然界には、さまざまな花があるのだろう。

自然界は適者生存の世界である。優れたものが生き残り、劣ったものは滅びてゆく。

それが自然界である。

もし、黄色い花が優れているのであれば、世の中の植物はすべて黄色い花になるはずである。

春に咲くということが優れているのであれば、秋に咲く花はすべて滅んでしまうはずだ。

しかし、世の中には黄色以外にもさまざまな色の花があるし、春以外の季節に咲く花々もある。

どれが優れているとか、どれが劣っているとかいうのではない。自然界にいろいろな花があるということは、みんな優れているということなのだ。

黄色い花と白い花と、どちらが好きだという、あなたの好みはあるかもしれないが、だからと言ってどちらが優れているということはない。

世の中には、さまざまな花がある。さまざまな色があり、さまざまな形がある。大きな花もあれば、小さな花もある。よく目立つ花もあれば、目立たない花もある。そのどれもが美しく、そのどれもが優れているのだ。

そこには、何の優劣もない。そこにはただ違いがあるだけだ。


優れたものしか生き残れない。それが自然界の厳しい鉄則である。

植物の花は、けっして人間を癒やすために咲くわけではない。植物が花を咲かせるのは、自らが実を結び、種を残すためである。

植物の花は、昆虫などを呼び寄せて昆虫に花粉を運ばせる。そして、受粉を行い、種子をつけるのである。

花が美しい花びらを持っているのは、花を目立たせて、昆虫に見つけてもらうためである。そして、芳醇《ほうじゅん》な香りや甘い蜜で昆虫を誘うのである。花の美しい色も、複雑な形も、すべては昆虫に花粉を運ばせるためである。さまざまな花々は、さまざまな工夫で昆虫を呼び寄せようと、競い合っている。こうして、色とりどりの花々が咲き乱れているのだ。

どの花も競い合っている。どの花も成功を求めている。けっして、何気なく咲いているわけではない。

だからこそ、花は美しいのだ。

世界は、そんな花で満ちている。

花にはさまざまな種類がある。花の咲き方はさまざまだ。

花の咲き方は一つではない。優れた咲き方が一つだけあるわけではない。花の咲き方はたくさんある。花の数だけ成功の仕方があるのだ。

さまざまな花がある。それが、花の世界をより豊かなものにしているのだ。

＊

私たち人間は、色とりどりに咲き誇る花の美しさを知っている。「いろいろある」

ことの素晴らしさを知っている。

自然界には、さまざまな花が咲くが、人間は、その自然の花に改良を加えて、さらにさまざまな花を創り出した。

キクの仲間はもともと黄色や白色の花を咲かせる。しかし、それを改良してピンク色やオレンジ色など、さまざまな品種を作り出した。バラの野生種は、もともとは白い色の花が多いが、品種改良を行い、今ではさまざまな色のバラの品種が作られている。

黄色いキクは美しいが、黄色だけでは味気ない。バラも白一色よりも、色のバリエーションがあるとより美しい。

そのため、さまざまな色の品種が作られていったのである。

花は人間のために咲いているわけではない。

しかし、人間はそんな花を愛している。まったくの片思いなのだが、人間はその花を栽培し、さまざまな色や形に改良をしていった。そして、花には「花言葉」があり、伝説もある。人々は花で暮らしを彩り、季節の行事に花を飾る。

「私にキスして」という別名を持つ花がある。バブル景気を生み出した花もある。そこには、「植物の物語」と「人間の物語」が複雑に織りなされてきた。

だからこそ、植物の花は美しく、そして私たち人間にとって、植物の花は魅力的なのだ。

当たり前のように咲いている花にも、物語がある。

どうして、日本人はお花見が好きなのだろう？　どうして、バラにはトゲがあるのだろう？　花占いに適した花は？　ピンクの語源になった花は？

本書では、花が持つ物語を「植物の物語」と「人間の物語」の二つの点から、解き明かしていきたい。

＊

花に物語があり、人にも物語がある。

そして、花にさまざまな種類があるように、私たち人間にもさまざまな顔があり、個性がある。

私たち人間は、花の美しさを知っている。花の色や形は、いろいろあることが美しいと知っている。

それなのに私たちは、ときどき「たくさんあること」の素晴らしさを忘れてしまうのは、どうしてだろう。「違うこと」の素晴らしさを見失ってしまうのは、どうしてだろう。くらべたり、優劣をつけたくなってしまうのはどうしてだろう。

江戸時代の俳人松尾芭蕉が残したこんな俳句がある。

草いろいろ　おのおの花の　手柄かな

花は自分を誰ともくらべない。そして、自分だけの花を咲かせる。世の中には、さまざまな花がある。花の数だけ咲き方がある。そして、花の数だけ、物語があるのだ。

本書では、そんな物言わぬ花の物語を紡いでみたいと思う。

花たちは、いったいどんな物語を見せてくれるのだろう。さっそく、花たちの世界をのぞいてみることにしよう。

花は自分を誰ともくらべない　目次

## 初夏

## 夏

## 秋

## 冬

ブックデザイン　鈴木千佳子
イラストレーション　サトウナオミ
DTP　宇田川由美子
校正　神保幸恵
編集　綿ゆり（山と溪谷社）

# 花は自分を誰ともくらべない

## 47の花が教えてくれたこと

# 人々を魅了してやまない一瞬の美しさ

サクラ（バラ科）

サクラほど日本人に愛されている花はないだろう。ネット社会の世の中になっても、人々はサクラの花の下に集まって人ごみを作り、新入社員は花見の場所取りをさせられる。

意外なことに、サクラは田んぼとゆかりのある花である。そもそも、サクラの名は「田んぼの神様」に由来すると言われている。

稲作に関する言葉には「さ」のつくものが多い。

たとえば、田植えをする旧暦の五月は「さつき」と言う。そして、植える苗が「さなえ」である。さらに、「さなえ」を植える人が「さおとめ」となるし、田植えが終わると「さなぶり」というお祭りを行う。この「さなぶり」という言葉は、田んぼの

神様が上っていく「さのぼり」に由来している。

一方、サクラの「くら」は依代《よりしろ》という意味である。つまり、サクラは、田の神が下りてくる木という意味なのである。稲作が始まる春になると、田の神様が下りてきて、美しいサクラの花を咲かせると考えられていたのである。

古くから日本には、神さまと共に食事をする「共食」の慣わしがある。そして、春になると、人々は神の依代であるサクラの木の下で豊作を祈り、飲んだり歌ったりした。こうして、人々は満開のサクラに稲の豊作を祈り、花の散り方で豊凶を占ったという。これがもともとの花見である。もちろん、これは神への祈りだけでなく、これから始まる過酷な農作業を前に、人々の志気を高め、団結を図る実際的な意味合いもあったのだろう。

まさに新年度の節目を迎え、親睦を深めるために行われる現代のサラリーマンの花見と同じである。今も昔も花見の本質は変わらないのだ。

**ソメイヨシノの名前の由来**

現在、サクラと言えば、何はなくとも「ソメイヨシノ」である。

ソメイヨシノが誕生したのは、江戸時代中期の一七五〇年頃のことである。ソメイヨシノは、サクラの歴史の中では比較的、新しい品種なのである。ソメイヨシノの「染井」は、現在は東京の巣鴨や駒込の近くにあった江戸の染井村のことである。

ソメイヨシノは、エドヒガン系のサクラとオオシマザクラの交配で生まれたとされている。園芸の盛んだった江戸の染井村では、植木業者が「吉野桜」と呼んで売り出した。

奈良の吉野山は桜の名所として有名である。ただし、吉野山のサクラは、ヤマザクラであり、実際にはソメイヨシノは吉野の桜とはまったく関係がない。しかし、「吉野」というブランドを借りてPRしたのである。「ナポリタンスパゲティ」や「アメリカンコーヒー」のように、現在でも、まったく関係のない土地を冠したネーミングがあるが、これと似たようなものかも知れない。そして、ソメイヨシノも「吉野桜」というネーミングが受けて、広まっていくのである。

しかし、明治時代になって上野公園のサクラの調査が行われたときに、「吉野桜の並木」として植えられたサクラが、吉野のヤマザクラとはまったく違うことが明らかとなる。そして、「染井村で作られた吉野の桜」という意味で、改めてソメイヨシノと名付けられたのである。ソメイヨシノという名前は、明治になってつけられた名前だったのである。

## 桜に惹かれるのはなぜ？

そのソメイヨシノが全国に植えられたのには理由がある。ソメイヨシノは成長が早く、手入れも簡単で育てやすい。そのため、次々に苗が生産され、各地に植えられていったのだ。

また、ソメイヨシノは、ヤマザクラなどのそれまでのサクラとは大きな違いがある。江戸時代に一般的であったヤマザクラは、葉が出てから花が咲く。たとえば、花札の桜を見ると、咲き乱れているサクラの花のあちこちに、葉が描かれている。これがヤマザクラの特徴である。

ところがソメイヨシノは違う。よく知られているように、ソメイヨシノは葉が出る前に、花が咲くのである。これはソメイヨシノの交配親であるエドヒガンの特徴である。しかし、エドヒガンは花が小さく、花の数も少ないので、あまり目立たない。一方、ソメイヨシノは花が大きく、花の数も多いので、枝が見えないほどに、一面に咲くのである。

花だけが一面に咲くソメイヨシノは、とても特徴的で華やかなサクラだったのである。

しかも、ソメイヨシノは、接ぎ木によって増やされているので、増やした苗木は、もとの木と同じ性質を持つクローンである。さまざまな木が植えられたヤマザクラは、木によって花の咲く時期が異なるので、花の時期が長い。ところが、ソメイヨシノは元の一本の株から増やしたすべての木が同じ特徴を持つので、一斉に咲いて、一斉に散ることになる。そのため、ソメイヨシノはより散り際が美しくなるのである。

その代わり、ソメイヨシノは花見ができる期間が短い。この一瞬の美しさを求めて、人々は桜の木に集い、場所取りに励み、飲んで歌ってこの世の春を満喫するのである。

# 田んぼ一面に咲く花に隠された共生関係

レンゲ（マメ科）

いつの間にか、レンゲの生えた田んぼは、すっかり少なくなってしまった。

かつては、田んぼ一面にレンゲが生える風景は、日本の春の風物詩であった。レンゲのことを勝手に生えた雑草のように思う人もいるかもしれないが、そうではない。ちゃんと田んぼで栽培されていたのである。秋の稲刈りの前に、イネの中にレンゲの種を播く。すると、冬の間に成長して、春の田んぼに花を咲かせるのである。

レンゲは、中国原産の緑肥《りょくひ》作物である。レンゲは、田んぼにすき込んで肥料にするために育てられていたのだ。ところが、現在では化学肥料を利用するので、レンゲは必要なくなってしまった。また、レンゲがあると、肥料が多くなりすぎてしまい、イネの栽培が難しくなる。そのため、レンゲは必要とされなくなってしまったのである。

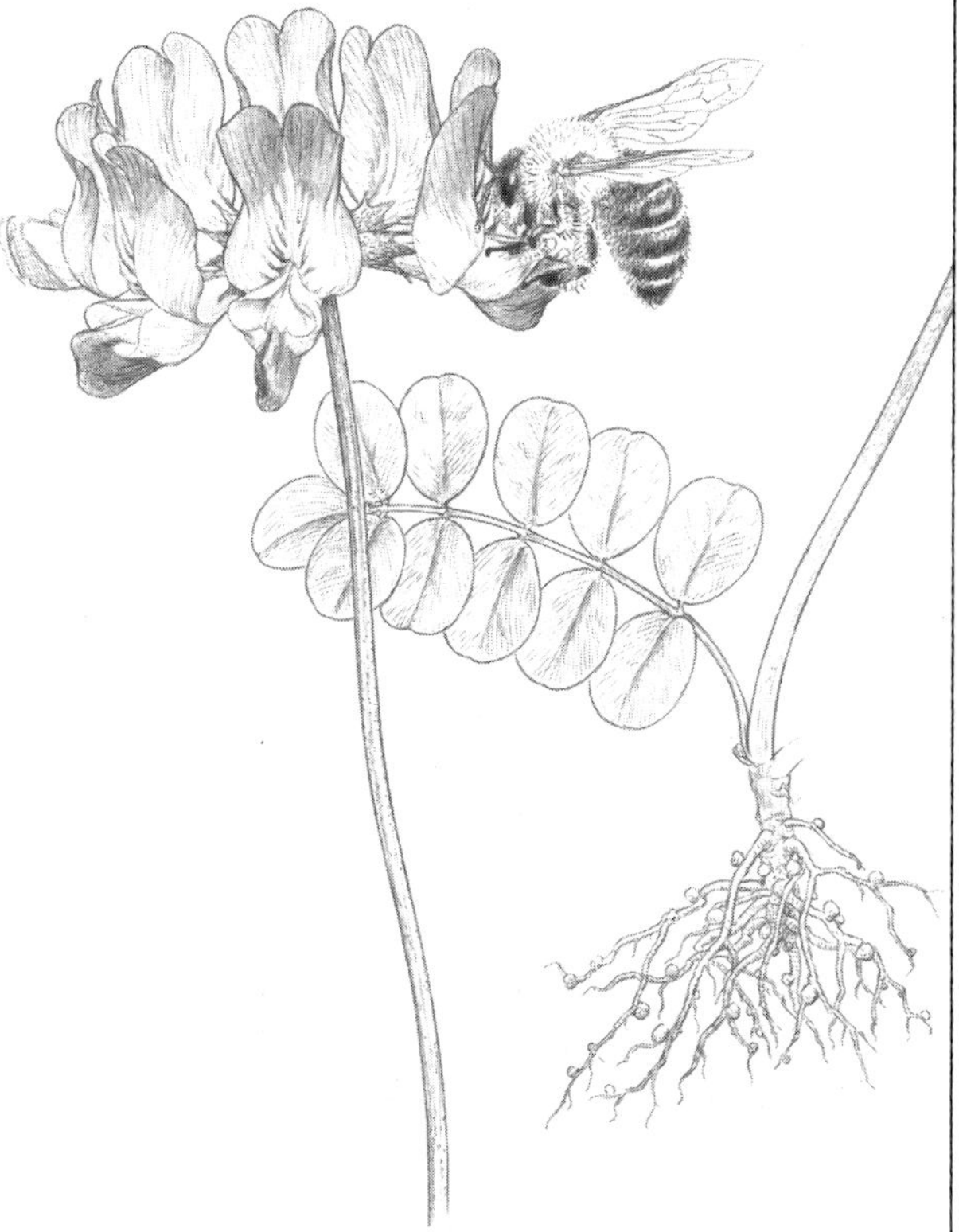

それだけではない。最近では田植えの時期が早くなったため、レンゲが種を落とす前に田んぼを耕して、水を張るようになってしまった。そのため、レンゲが種を落として勝手に生えることも少なくなったのである。

### レンゲの血のにじむ努力

レンゲが緑肥作物として用いられていたのには、理由がある。何しろ、レンゲは肥料分が少ないところでも、空気中の窒素を取り込んで、自らの栄養分にすることができる。そうして育ったレンゲをすき込めば、田んぼの中の窒素を増やすことができるのである。

窒素は植物の成長に欠かせない養分だが、空気中に大量にある。この窒素を利用できれば、どんなやせた土地でも育つことができるのだ。

レンゲ以外にも、マメ科の植物の多くがこのような離れ業をやってのけることができる。

空気中の窒素を取り込む秘密は根っこにある。レンゲの根っこを見ると、白いコブがいくつもついている。これが根粒《こんりゅう》と呼ばれるものである。

この根粒の中には、根粒菌というバクテリアが住んでいる。このバクテリアが空気中の窒素を取り込んで、レンゲに窒素を供給しているのである。

根っこの中に守られている根粒菌と、窒素を供給してもらうレンゲの関係は「共生関係」と言われてきた。しかし、実際には根粒菌は、レンゲに感染しようとしてレンゲの根の中に侵入したものの、レンゲに取り込まれてしまっているらしい。根粒菌は、ふだんは空気中の窒素を取り込んだりしない。ところが、レンゲの根の中では空気中の窒素を取り込んでレンゲに供給している。つまりは、レンゲの虜となって働かされているのである。

もっとも、レンゲが根粒菌に働かせるためには、大きな問題があった。

レンゲの根に住む根粒菌が、空気中の窒素を取り込むためには、多大なエネルギーを必要とする。そのエネルギーを産みだすために、酸素呼吸をしなければならないのである。ところが、窒素を取り込むために必要な酵素は、酸素があると活性を失ってしまうという欠点がある。つまり、酸素が必要な一方で、酸素があると困ってしまうのである。

酸素呼吸をするための酸素を用意し、余った酸素はすぐに取り除かなければならない。この難題を解決するために、レンゲなどのマメ科の植物が身につけたのが、酸素を効率良く運搬するレグヘモグロビンという物質である。

レグヘモグロビンは、人間の血液の赤血球の中にあるヘモグロビンと、よく似た物質である。ヘモグロビンは人間の血液の中で酸素を効率良く運搬する役割を担っている。マメ科の植物は私たちと同じように、レグヘモグロビンを利用して、酸素を効率良く運んでいるのである。そのため、レンゲなどのマメ科の根粒を切ってみると、驚いたことに血がにじんだようにうす赤色に染まる。これがレグヘモグロビンである。

こうしたしくみによって、マメ科の植物はバクテリアと共生することができるようになったのである。まさに、血のにじむ努力と言って良いだろう。

## レンゲとハチの蜜月関係

レンゲは花も面白い。

レンゲは漢字では「蓮華」と書く。その字のごとく、ハスの花に似ていることから名付けられた。もっとも「蓮華」というのは、「ハスの花」という意味だから、正確には「ハスの花に似た草」という意味でレンゲソウ（蓮華草）という名前が正しい。

レンゲの花は、花びらのように見える一つ一つが花である。レンゲは小さな花が集まって一つの大きな花を形づくっているのだ。この小さな花の一つをよく見ると、花びらが上下に分かれた形をしている。この下側の花びらを指でそっと押すと、まるでびっくり箱でも開けたかのように、花びらの中に隠れていた雄しべと雌しべが跳びだしてくる。レンゲの花にやってきたハナバチが下の花びらに足をかけると、花びらが押し下げられて、蜜のありかへの入り口が開かれるしくみになっているのである。そして同時に、花びらの中から雄しべと雌しべが現れてハチの体に花粉をつけるのだ。

花びらを押し下げることのできる力と、蜜を得るしくみを理解する知恵を持つ虫でなければ蜜にありつくことはできない。こうして、花粉を運んでくれるハチ以外の虫に蜜をとられないように、レンゲは蜜の入り口にふたをしているのである。

さらに、レンゲの蜜の入手法を覚えたハナバチは、同じしくみで手に入る蜜を独占したくなる。だから、レンゲの花ばかりをまわって蜜を集めるのだ。これはレンゲにとって、じつに都合がいい。ハナバチが、レンゲの花だけをまわって蜜を集めてくれれば、それだけ効率良く受粉ができるのである。

蜂蜜の中では、レンゲの蜂蜜が高級品だが、レンゲの蜂蜜がとれるのは、ハナバチたちがレンゲの花を選んで飛び回るからなのである。

# 菜の花畑を彩る黄色い花たちのドラマ

アブラナ（アブラナ科）

菜の花は春の風物詩だが、「ナノハナ」という植物があるわけではない。「菜の花」は「菜っ葉の花」という意味である。アブラナ属の菜っ葉は、春になると茎を伸ばして黄色い花を咲かせる。これが「菜の花」である。

一般にナノハナと呼ばれるものには、アブラナとナタネがある。アブラナとナタネは同じような意味で使われるが、植物学的な分類ではアブラナという呼び名とナタネという呼び名は、きちんと分けられている。

アブラナとナタネは、どこが違うのだろう。

アブラナは、弥生時代には日本で栽培されていたとされる古い作物である。

一方、ナタネは明治時代になってヨーロッパから持ち込まれた。西洋からもたらさ

れたのでセイヨウアブラナの別名もある。

アブラナもナタネも、花を楽しむためではなく、油を取るために栽培されたものである。アブラナは「油菜」という意味だし、ナタネは、タネを搾って油を取ることから、本来はアブラナのタネという意味で「菜種」という意味である。ただ、アブラナとセイヨウアブラナを区別するために、セイヨウアブラナの方に「ナタネ」という名前がつけられた。

油を搾ることができるのは、アブラナやナタネの種子が脂質を含むためである。脂質が、発芽のエネルギーとなるのだ。

植物は種類によって、種子が主に使うエネルギーが異なる。

たとえば、私たちが食べるお米はイネの種子である。米の主な成分は炭水化物だが、イネの種子である米が含む炭水化物も、発芽のためのエネルギーである。

アブラナやナタネのように油を搾ることのできる種子は少ない。じつは、アブラナやナタネの種子が持つ脂質は、酸化して劣化しやすいという欠点がある。そのため、脂質をエネルギーにする種子は少ないのである。

ところが脂質は、リスクもあるが魅力もある。脂質は炭水化物の二倍以上のエネルギーを得ることができるのだ。そのため、脂質をエネルギーにしたアブラナやナタネの種子は、少ない脂質で発芽のエネルギーを得ることができる。こうして、アブラナやナタネは種子を小さくすることが可能となったのである。

## 菜の葉に止まれ？　菜の花に止まれ？

かつては日本の風物詩として、菜の花畑が各地で見られたが、残念ながら、現在では日本では菜の花はほとんど栽培されていない。河原などで菜の花が咲いているのをよく見かけるが、あれはセイヨウカラシナという別の植物である。

春の風物詩として親しまれた菜の花は、童謡によく歌われている。

「菜の花畠に入り日薄れ」という幻想的な歌詞で歌われる唱歌「朧月夜」も菜の花畑が舞台である。これは、作詞者の高野辰之が住んでいた代々木上原の菜の花畑が舞台であると言われている。しかし、高野辰之の故郷の長野県野沢温泉村も菜の花畑が広がる場所であった。そのため、ふるさとの菜の花畑のイメージも影響していると言われている。ところが、野沢温泉村の菜の花畑は、実際にはアブラナの畑ではない。じつは、種子を取るための野沢菜の花畑だったのである。野沢菜もアブラナ科で、菜の花によく似た花を咲かせるのである。

アブラナ科の花は、どれもよく似た花を咲かせるので、アブラナ以外の花が「菜の花」と呼ばれることも多いのだ。

ところで、菜の花を歌った童謡・唱歌には「蝶々」もある。童謡「蝶々」には、「蝶々　蝶々　菜の葉に止まれ」という歌詞もある。

この歌を聞くと、菜の花畑がイメージされるが、よくよく歌詞を読み返してみると、この歌の中に「菜の花」は出てこない。歌詞に登場するのは、菜の花ではなく、菜の葉なのである。

「蝶々」で歌われるモンシロチョウの幼虫である青虫はアブラナ科植物の葉を餌にしている。そこで、モンシロチョウは菜の葉に卵を産みつけるのである。そう考えると「菜の葉に止まれ」は農家の人からするとずいぶんと迷惑な歌詞である。

モンシロチョウの幼虫はアブラナ科しか食べない。

アブラナ科植物はカラシ油配糖体という辛味物質で身を守っている。ところが青虫はこのカラシ油配糖体を解毒する能力を身につけた。他の植物は、カラシ油配糖体以外の防御物質を持っているから、こうなるとカラシ油配糖体を持つ植物を食べた方が安全である。そのため、青虫はアブラナ科植物を選んで餌にしているのである。

野菜の中にはアブラナ科植物が多いから、青虫は大害虫である。キャベツや、ハクサイ、コマツナ、ブロッコリー、カリフラワー、カブ、ダイコンなどは、すべてアブラナ科の野菜である。

モンシロチョウはもともと日本にはいなかったチョウで、古い時代に日本にダイコンが伝来したときに、いっしょについて日本にやってきたと考えられている。

一口に菜の花と言っても、本当にさまざまな植物があり、さまざまなドラマがあるものなのだ。

春になると、収穫されなかったアブラナ科の野菜たちが、畑の片すみで菜の花と同じような花を咲かせている。そんな菜の花を楽しんでみるのも春の楽しみである。

# 本当ははかなくない春の妖精

カタクリ（ユリ科）

カタクリは、片栗粉の「かたくり」である。

もともと、片栗粉はカタクリの鱗茎《りんけい》からとったデンプンのことを言った。しかし、片栗の鱗茎を集めるのが困難な現在では、片栗粉はジャガイモでんぷんを原料として作られている。

カタクリは、里山に咲く春の植物である。

春になると薄紫色の可憐で優美な花を、うつむきかげんにひっそりと咲かせる。ところが、カタクリは早春のごく短い期間に花を咲かせるだけで、春の終わりとともに幻のように姿を消してしまう。カタクリはスプリング・エフェメラルと呼ばれているが、エフェメラルには「はかない命」という意味がある。

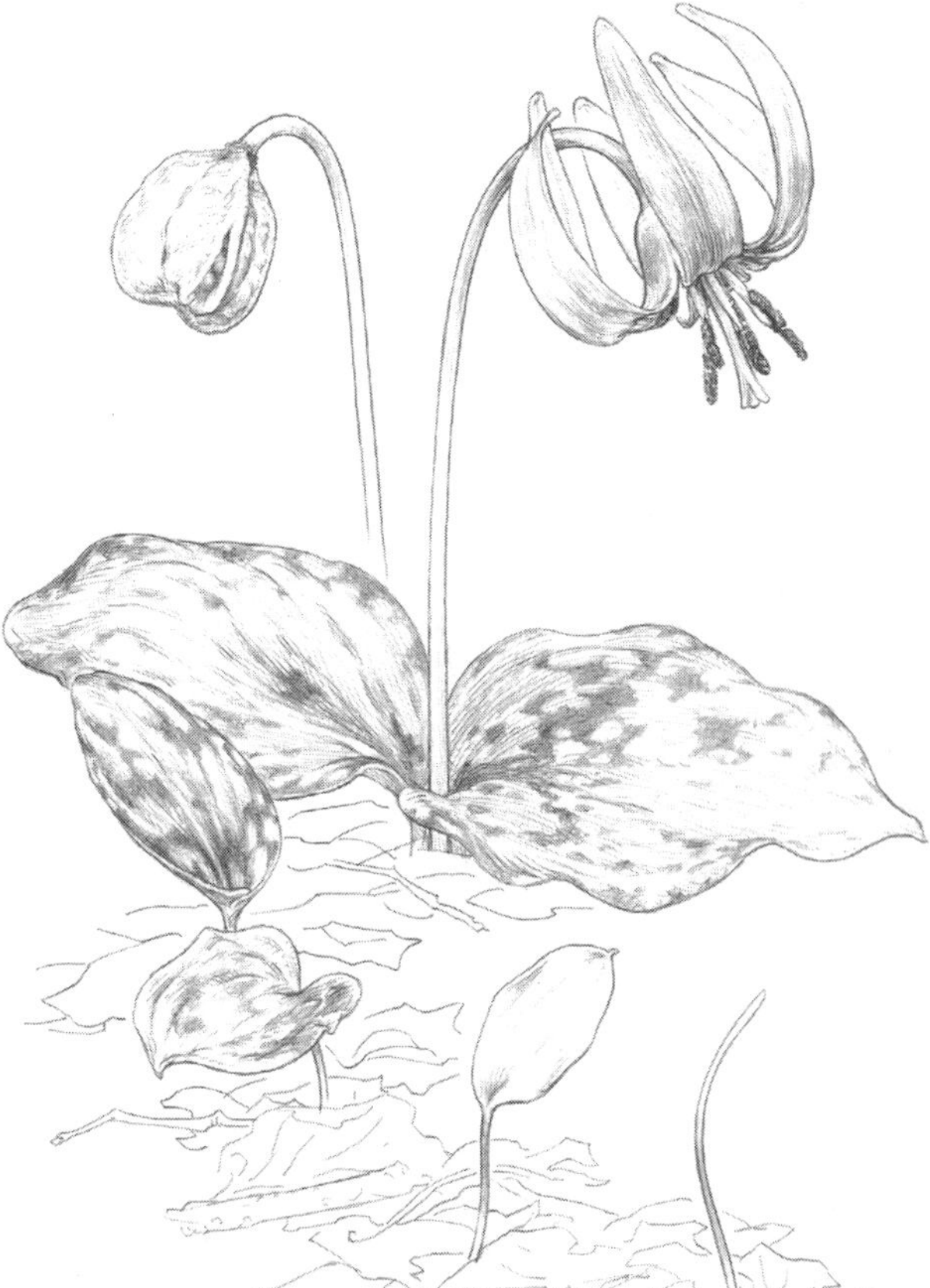

スプリング・エフェメラルと呼ばれるカタクリは、土の中の鱗茎で冬を越した後、早春にいち早く花を咲かせて、暖かくなるころにはすっかり散ってしまう。こうして春の間、葉で光合成を行い、栄養分を鱗茎に蓄えるのである。そして他の植物が生い茂る夏になるころには、葉を枯らし、翌年の春まで鱗茎で土の中で眠り続ける。このようにカタクリは、他の植物との競争を巧みに避けて生活しているのである。

しかし、これでは光合成できる期間がわずかだから、花を咲かせるだけの栄養分を蓄えるのは容易ではない。そのためカタクリは、種子が芽を出してから花を咲かせるまでに、じつに八、九年もの歳月を必要とする。

## カタクリの一生は下積みの末に

種子から最初に出た葉はごく小さい子葉である。この子葉で光合成を行い、わずかな栄養分を蓄積する。こうして蓄えたわずかな栄養分で、翌年は小さな葉を一枚つける。このように、わずかな貯蓄と投資を繰り返しながら、カタクリは栄養分を蓄積して、しだいに葉が大きくなっていく。その結果、八、九年間コツコツとためた栄養分で、ついに花を咲かせることができるのである。

カタクリは長い長い下積み生活の末に花を咲かせる。はかない命とはいうが、実際にはそうではない。種子から枯れてしまうまで一年以内という野の草花が多い中で、カタクリは十年近くまで生きることができるのだ。

このように里山の生活に適して特殊な生活史を送るカタクリを、人為的に栽培するのは、簡単ではない。

一方、園芸用に栽培されるカタクリにヨーロッパやアメリカ原産のセイヨウカタクリがある。

日本のカタクリは、当初、アメリカに分布するカタクリと同じ種であるとされたが、その後、ヨーロッパのカタクリと同じとされた。やがて、ヨーロッパのカタクリの変種となり、最終的には独立した種として認められた。今では、セイヨウカタクリとカタクリは別種として扱われている。現在、カタクリの仲間は北半球に約二十種が分布している。

北米の亜高山帯に自生するセイヨウカタクリの一種に、花の黄色いキバナカタクリがある。ひっそりと控えめに咲く日本のカタクリとくらべると、やや自己主張が強い感もあるが、花も美しく、カタクリにくらべるとずっと育てやすい。

同じカタクリでも出身国によって性格もさまざまなのが何とも面白い。

# 人だけでなく
# ハチも惑わす
# ラブグラス

## パンジー
（スミレ科）

恋の草と呼ばれている花がある。パンジーである。

パンジーは、英語ではラブグラス（恋の草）という別名があるのだ。さらには、「Kiss me at the garden gate（門のところで私にキスして）」や「Jump up at the kiss me（立ちあがって私にキスして）」などの別名もある。

どうして、パンジーはこんなにもロマンチックな別名を持つのだろうか。

じつはパンジーは、中心を挟んで、右と左の花びらが、キスをしているように見える。そのため、キスを連想させるような名前がつけられているのである。

何とも素敵な花である。

それだけではない。じつはパンジーは惚れ薬としても利用されていたというから、

すごい。

シェイクスピアの戯曲「真夏の夜の夢」では、パンジーの汁は、惚れ薬として登場する。ヨーロッパではパンジーは古くは惚れ薬とされていたのだ。その効果はすごい。何でもパンジーの草の汁を眠っている間にまぶたに塗ると、眠りから覚めた人は、目を開けて初めて目にした人に恋をしてしまうらしい。

ちなみに、パンジーの惚れ薬には、毒消しをする解毒剤もある。それがヨモギである。

ところが、そんなロマンチックな花も、十九世紀になると少し違ったものをイメージされるようになる。

それが、「人の顔」である。

パンジーの花は、人間の顔のようにも見える。江戸時代末に日本に伝えられたパンジーは、古くは人面草と呼ばれていた。パンジーの名前も顔に由来している。パンジーはフランス語の「パンセ」が語源となっている。これは、「思う」という意味である。パンジーの模様を「思案する人」の顔に見立てたのである。

それにしても、恋の草と言われた花が、どうして急に人の顔にたとえられるようになったのだろうか。じつは、人の顔にも見えるパンジー特有のこの模様は、最初からあったわけではない。この模様は、一八三〇年代になって突然変異で現れたとされているのである。

パンジーは、ヨーロッパ原産である。パンジーの原種のワイルドパンジーは、紫色の花びらと黄色の花びらと白色の花びらが混ざっている。パンジーのことを「三色すみれ」というのは、そのためである。

西洋の言い伝えによれば、天使たちが三回キスをしたことから、パンジーは三色になったとも言われている。

## かわいい花に隠されたガイドライン

パンジーは不思議な花である。見れば見るほど、じつに複雑な花の形をしている。

パンジーは花びらが五枚あり、上に二枚、横に二枚、そして、下側に一枚の花びらで構成されている。花びらは重なっているので、五枚の花びらはわかりにくいが、花を裏側から見ると、花びらが五枚あることがわかりやすい。ワイルドフラワーの場合は、下の花びらが黄色で、横の花びらが白色、上側の花びらが紫色をしている。

この複雑な構造をした花には、合理的な理由がある。

植物の花は、昆虫を呼び寄せて受粉するために、美しい花を咲かせる。

スミレの花の花粉を運ぶのはハチである。パンジーは五枚の美しい花びらでハチを呼び寄せる。パンジーは、さまざまな花色が品種改良されているので、すべてのパンジーではないが、パンジーの下の花びらには、小さな模様があるものがある。これが蜜のありかを示すガイドラインと呼ばれるものである。ハチは、下の花びらに着陸し、このガイドラインに添って花の中に潜っていくと、蜜にありつけるようになっている。横の花びらは、花の中に潜っていく昆虫をガードするような役割をしているのである。

こんなにまで、複雑な花の形をしているのには、理由がある。

働き者のハチは、花粉を運んでくれるパートナーとして最適である。できれば、他の昆虫ではなく、花粉を与えてくれるハチだけに蜜を与えたい。しかし、花にはさまざまな種類の昆虫がやってきてしまう。都合よくハチだけに蜜を与えることなど、できるのだろうか。

そこで、パンジーは花の奥深くに蜜を隠し、昆虫を試すように花びらに蜜のありかを示す目印をつけた。ハチは他の昆虫にくらべて頭が良いので、この目印を理解することができるのである。

それだけではない。

蜜のありかを理解した昆虫は、花の奥深くにもぐりこまなければならない。じつは、昆虫は花の奥へと潜り込み、後ずさりして出てくるのが苦手である。一方、ハチは、花の深くに潜って、後ずさりして戻ってくることができる。こうして、パンジーは見事にハチだけに蜜を与えることに成功したのである。

こうして、蜜を花の奥深くに隠すために、パンジーの花を横から見ると、「距《きょ》」と呼ばれる壺状の筒が後ろに張りだしている。そして、この距を支えるために、パンジーの茎は花の中心について、やじろべえのように、バランスを保っているのである。この複雑なしくみは、日本の山野に生えるスミレの花も同じである。

恋の草と呼ばれるパンジーは、こうしてハチとの恋のバランスを取っているのである。

# 薬草から美人の代名詞になった花

シャクヤク
（ボタン科）

映画「ハリー・ポッター」では、引き抜くと恐ろしい悲鳴を上げる植物が登場する。これが、古くから、その声を聞いた者は死ぬと言い伝えられているナス科のマンドレイクである。

じつは、同じような伝説を持つ植物がある。それがシャクヤクである。古代ローマでは、「シャクヤクを引き抜くとシャクヤクが大きなうめき声を上げ、その声を聞いた者は死ぬ」と言い伝えられているのだ。そのため、シャクヤクを取るときには、犬をシャクヤクの枝につないで、肉で誘って抜き取るという方法が行われていたという。犬は死んでしまうが、人間は遠くで耳を塞いで身を守ったという。

そんな思いをしてまで、シャクヤクを取らなければならなかったのは、それが薬に

なったからである。シャクヤクは、古くから薬効のある薬草とされてきた。シャクヤクの属名は「ペオニア」という。これはギリシャ神話の医の神「ペオン」に由来する。ペオンは、黄泉の国の王であるプルートの傷を治すために、オリンポスの山からシャクヤクの根を取ってきた。驚くことにシャクヤクは、死者の国の王の病も治すほどの薬だったのである。

**薬草から観賞用の花へ**

シャクヤクは漢字で書くと「芍薬」と書く。「芍」は、美しくて好ましいという意味である。

もともとは薬草として中国から日本に持ち込まれたが、園芸ブームの江戸時代の日本で品種改良されて、さまざまな美しい品種が作出された。

昔は美人を形容して、「立てば芍薬、座れば牡丹、歩く姿は百合の花」と言った。シャクヤクは美人のたとえに使われるほど、美しいのである。ボタンは「花の王」と言う意味で「花王」と呼ばれるほど、美しい花である。これに対してシャクヤクは「花の宰相」という意味で「花相」と呼ばれた。シャクヤクはボタンと同じボタン科の植物で、よく似た花をしている。そして、シャクヤクの花は、ボタンに負けず劣らずの美しさなのである。

ボタンとシャクヤクはライバルのようにも思えるが、シャクヤクはボタンに遠慮してか、春に咲くボタンの花が咲き終わるのを待って、五月くらいから咲き始める。また、ボタンは木になる木本《もくほん》であるのに対して、シャクヤクは木にならない草本《そうほん》である。

この控えめさがシャクヤクの魅力でもある。

# バブル景気の元祖となった魅惑の花

チューリップ（ユリ科）

一九九〇年前後のバブル経済の時代、誰も彼もが浮かれて、お金に振り回された時代は文字通り泡と消えてしまった。

歴史を紐解くと、人々が熱狂するバブルは、何度も繰り返され、そのたびにむなしくはじけていった。人間というのは、本当に何度も同じ過ちを犯す生き物なのである。

そんなバブル景気の元祖と言われているのが、チューリップバブルである。

よく知られているように、十七世紀のオランダでは、チューリップの球根でバブル景気が引き起こされたのである。

チューリップの原産地は中近東である。

野生のチューリップは十字軍によってヨーロッパにもたらされたとされている。そ

の後、トルコで品種改良が重ねられた園芸種が、十六世紀にオランダの商人によって、改めてオランダに紹介された。チューリップの名前は、このときに、チューリップのことをターバンに似た花と通訳が説明したことから、ターバンを意味する「チュルバン」という言葉が伝えられて、チューリップとなったとされている。

ところが、ヨーロッパに伝えられると、美しいチューリップは人気を博し、人気のあまり豊かさの象徴として投機の対象となってしまったのである。

## チューリップはオランダの運命を変えた

当時のオランダは海洋貿易で資産を蓄え、お金が余っていた。その金で球根を競って買い求めたのである。すると球根の値段は上昇するようになり、やがて園芸に興味のない人たちも便乗して投機を目的にチューリップの球根を買い求めた。そして、球根の価格は上がり続けたのである。

驚くことに価格の高い球根は、一般市民の年収の十倍もの価格がつけられ、家一軒と取り引きされることもあったという。そのうち、先物取引やオプション取引まで行われ始めた。実際に育てられている球根の量よりも、取引されている球根の数の方がずっと多いということもあったのである。

球根は英語で「バルブ」というが、バルブがバブルを引き起こしたというのは、下手なシャレにもならない。

しかし、富の象徴といっても、所詮は花の球根である。どこまでも値段が上がり続けるということはありえない。あまりの高値に、多くの人々は球根が買えなくなってしまった。そして、ついにバブルははじけるのである。

人々が夢から醒めた後は、球根の価格は、大暴落し、多くの人々は財産を失った。そしてオランダは富を失い、世界の経済の中心地はオランダからイギリスへと移って行ったという。チューリップが世界の歴史を変えてしまったのである。

チューリップバブルで、希少価値があるとされて特に高値で取引をされたのが、「ブロークン」と呼ばれるしま模様の花を咲かせるチューリップである。

ある日、突然、現れたしま模様のチューリップは、人々を狂わせた。ただし、このチューリップは、アブラムシによって媒介されたウイルス病によって引き起こされることが現在では知られている。

こんな病気のチューリップに人々は熱狂し、バブル経済が引き起こされたのである。高値で取引きされたチューリップの名前が「ブロークン（壊れた）」であることは、バブルがはじけた後になってみれば、皮肉である。

# 多くの人に愛され続けるひかえめな花

スイセン（ヒガンバナ科）

自分に酔った自惚れ屋は、「ナルシスト」と呼ばれて嫌われる。このナルシストの語源となったナルキッソスを学名に持つとされるのがスイセンである。

ナルキッソスはギリシャ神話に登場する美少年である。多くの女性や妖精が彼に恋をするが、ナルキッソスはすべて撥《は》ねつけてしまう。そして彼に振られた女性や妖精が不幸になっていくのを目にした神は、他人を愛せないナルキッソスを自分自身しか愛せないようにしてしまった。

そんなナルキッソスが泉に顔を近づけると、水面に美しい妖精の顔が見えた。これは実際には水面に映った彼自身の姿だったのだが、この姿に恋い焦がれたナルキッソスは、ついに痩せ衰えて死んでしまう。これがナルシストやナルシズムの語源である。

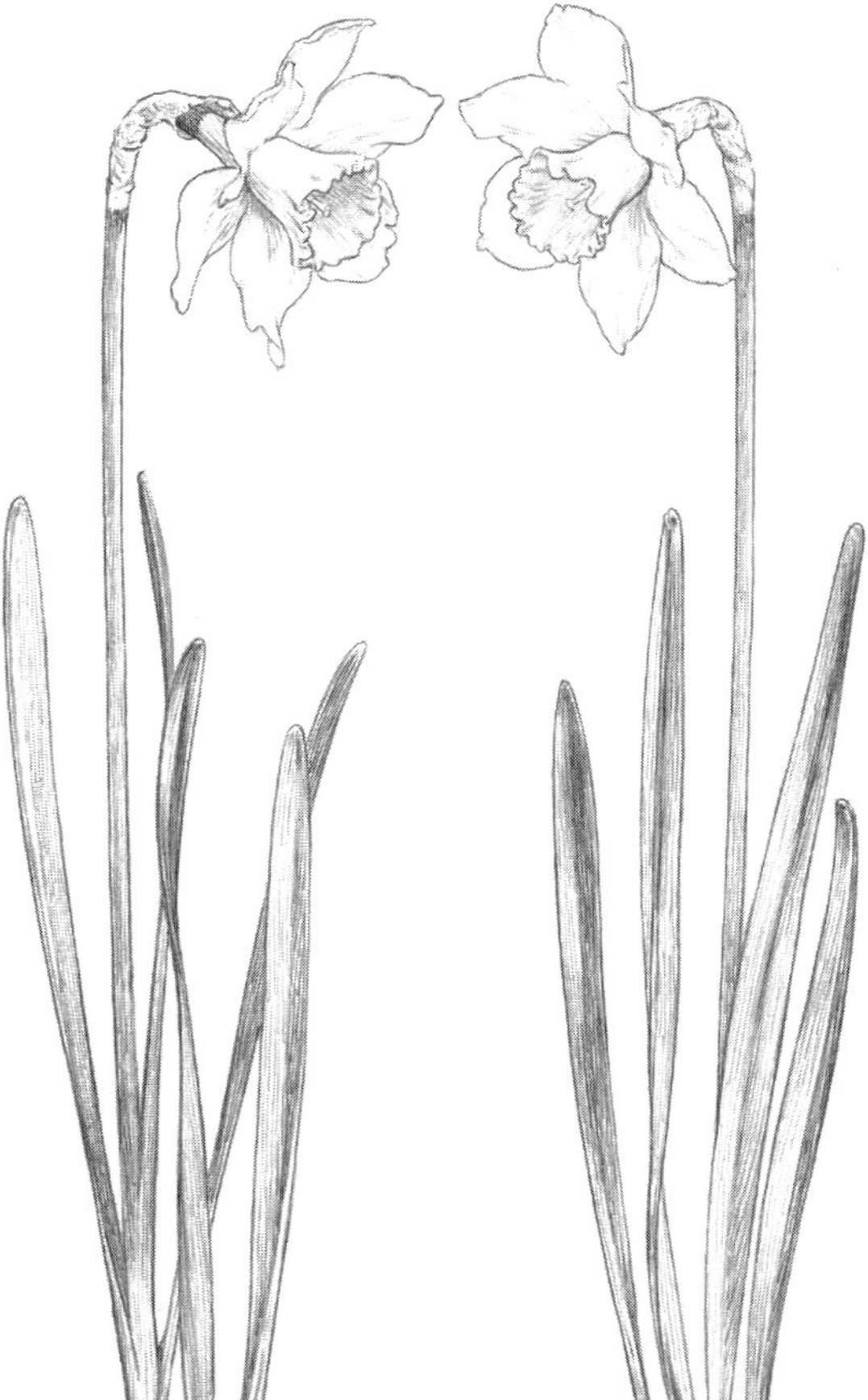

ナルキッソスが息を引き取った泉の横に咲いたのが、スイセンの花である。水辺でうつむいて咲くようすが、水面を覗きこんで見えることから、そんな伝説が生まれたのかも知れない。

一方、古代中国では、水辺に咲く美しさから、水の仙人という意味で「水仙」と名付けられた。

スイセンには、古くから日本に自生するニホンズイセン、江戸時代に中国からもたらされたキズイセン、明治になってヨーロッパから持ち込まれたラッパズイセンの大きく三種類がある。ニホンズイセンは、野生では海岸に大群落を作る。特に静岡県伊豆半島の伊豆の爪木崎海岸、福井県の越前岬、兵庫県淡路島の灘黒岩水仙郷が自生地として有名であるが、ニホンズイセンの自生地を見ると太平洋側では高知県、淡路島、紀伊半島、伊豆半島、房総半島と黒潮の流れに沿って分布している。また、日本海側では越前岬から富山湾まで対馬海流の流れる沿岸に分布している。そのため、ニホンズイセンは、古い時代に球根が海流に乗って日本にたどりついたのではないかと考えられている。

これに対して、最近、花壇などでよく見られるのが、ヨーロッパから来たラッパズイセンである。ラッパズイセンは、大きく長く伸びた花が、ラッパのように見えることから、名付けられた。

ところが、このラッパズイセンの学名はずいぶん変わっている。ラッパズイセンの名前は、「ナルキッソス　プセウドナルキッソス」と言う。このプセウドは「ニセの」という意味がある。プセウドナルキッソスは偽のナルキッソス、つまり「スイセンの偽物」という意味なのだ。もちろん、ラッパズイセンは、れっきとしたスイセンの仲間である。どうして、偽物扱いされているのだろうか。

ラッパズイセンは、野生では、ヨーロッパの西部に分布している。これに対して、ギリシャには花びらがまっ白いクチベニズイセンというスイセンがある。このスイセンが本物であるとされて、ラッパズイセンは、偽物扱いされてしまったのである。

ちなみにクチベニズイセンの学名は、「ナルキッソス　ポエティクス」。ポエティクスは「詩人の」という意味である。人々から愛され、詩人に歌われたことから、この学名がつけられているのである。

しかし、くじけることはない。ラッパズイセンは、英国ウェールズの国花となっている。春の訪れを告げる黄色い花が、ウェールズの人々に愛されたのである。

けっして派手な花ではないが、世界の人々から美しいと称えられた花である。自惚れることなく、美しく咲き続けてほしい。

# 冬の寒さで春を知る、冷蔵庫が似合う花

ヒヤシンス
（キジカクシ科）

昔のなぞなぞに「冷蔵庫に似合う花は？」というものがあった。

答えは「冷やしんす」。つまり、ヒヤシンスである。

しかし、実際にヒヤシンスは冷蔵庫がよく似合う。ヒヤシンスは冬の寒さを感じて、春に花を咲かせる。そのため、冷蔵庫に球根を入れておくと、花が咲きやすくなるのである。

ヒヤシンスの名前は、学名のヒヤシンサスに由来している。スイセンの学名は、ギリシャ神話の美少年に由来していたが、ヒヤシンサスの名前もギリシャ神話の美少年の名に由来する。それがヒヤシンサスという美貌の王子である。

太陽神のアポロは、ヒヤシンサスを愛していたが、風の神のゼフィルスは、これを

ねたんで風を吹かせ、アポロが投げた円盤をヒヤシンサスの頭にぶつけて殺してしまった。そして、ヒヤシンサスの頭からしたたり落ちた血の跡に咲いた花がヒヤシンスなのである。

ヒヤシンサスの死に、アポロは「AI　AI」と悲しみの言葉を叫びながら号泣した。そのため、ヒヤシンスの花びらには、「AI」の文字に似た筋が残ったという。また、ヒヤシンスの花が紫色なのは、ヒヤシンサスの静脈の血の色だという。ただし、このギリシャ神話に登場するヒヤシンスは、現在のヒヤシンスとは別の植物らしい。

### チューリップに並ぶ人気者

十六世紀のオランダでは、チューリップと並んでブームとなり、紫色だけでなく、さまざまな色が作出された。二千種類もの品種が作られたというから、驚きである。

ヒヤシンスは、現在キジカクシ科に分類されているが、形態的に分類されていたかつての分類ではユリ科であった。ヒヤシンスは小さな花がたくさん集まっているが、一つ一つの花を見ると、確かにユリの花によく似ている。江戸時代には「錦百合」という美しい名前で呼ばれていた。

ところで、ヒヤシンスは、水栽培でよく用いられる。

前述のようにヒヤシンスは冬の寒さを感じて花を咲かせるが、屋外に球根を植えていれば放っておいても冬の寒さは感じるから球根を冷蔵庫に入れる必要はない。冷蔵庫に球根を入れなければいけないのは、暖かな室内で水栽培を行うときである。

ヒヤシンスは美しい花に目を奪われがちだが、昔はさまざまな用途があったらしい。

ヒヤシンスの球根は根を乾燥などから保護するためにムシゲルという粘着物質を出すが、この粘液は、古くは糊として利用されていたという。

それだけではない。

驚くことにこの糊は発毛の効果があるとも言われ、毛生え薬として用いられたというからすごい。本当だろうか。

試したことはないが、ヒヤシンスが出すムシゲルは、不用意に触ると肌が荒れてしまうこともあると言われているから注意が必要だ。何しろ、ヒヤシンサスの頭からしたたり落ちた血から生えた植物でもある。頭に塗るのは、やめておいたほうが良いだろう。

# 春は花、秋は香辛料として愛されてきた

## クロッカス（アヤメ科）

クロッカスは早春になると花を咲かせる。クロッカスはヨーロッパ原産で、アルプスの高原などに自生している。そのため、春を待ちわびたように、いち早く花を咲かせるのである。

クロッカスも前述のチューリップやヒヤシンスと同じようにオランダで品種改良が進められ、園芸用に用いられるようになった。

クロッカスはラテン語で「糸」という意味である。これは、雌しべの先が、糸のように長く伸びて垂れ下がることから名付けられた。ただ、クロッカスは、クロッカス属の植物の総称でさまざまな種類がある。そのため、実際には雌しべの形もさまざまである。

ギリシャ神話では、クロコスという名の美少年がよく登場する。クロコスにまつわる物語はさまざまであるが、クロコスの恋はいずれも悲恋である。

ある物語では、クロコスが雪山で誤って谷底に落ちてしまい、婚約者がクロコスを見つけたときに咲いていた花がクロッカスであると言われている。

また、ある物語では、神々の反対で恋する娘と結婚できずに自殺してしまったクロコスを、神がクロッカスの花に変えたとも言われている。

しかし、悲恋の物語の一方で、クロッカスは愛を秘めた花とされていて、古くは結婚式を飾る花として用いられた。

それにしても、スイセンやヒヤシンス、クロッカスなどの花々は、少年にたとえられる。どうして少女ではなく、少年にたとえられるのだろうか。真実は明らかではないが、一説には、花の球根の形が睾丸に見立てられたのではないかとも言われている。

確かにスイセンもヒヤシンスもクロッカスも球根で育てられる草花である。

## 王族だけに許された高級品

ところで、クロッカスのことを「春クロッカス」と呼ぶこともある。春クロッカスがあるということは、秋クロッカスもあるということだ。あるいは、春クロッカスは、

「花クロッカス」と呼ばれることもある。ということは、花を楽しまないクロッカスもあるということになる。

確かに、秋クロッカスは、花を楽しむためのものではない。秋クロッカスとは、サフランのことである。サフランもクロッカス属の植物なのだ。

サフランは、学名をクロッカス・サティヴァスという。「サティヴァ」というのは、イネやダイコンの学名にも使われていて「栽培される」という意味がある。

サフランは長く伸びる糸状の雌しべを、染料に用いる。パエリアに用いられるサフランライスは、このサフランで染色したものである。

サフランは、紀元前からギリシャで栽培されていたとされている。

それにしても、雌しべを染料に使うというのだから、かなり希少である。古代ギリシャでは、サフランの黄色は王族だけが使用を許されていたという。高級品だったのである。また、アラビアン・ナイトではサフランは、最高の媚薬として紹介されている。

現在でも、サフランは染料や香辛料の中では、もっとも高級である。そのため、サフランの代用としてショウガ科のウコンが用いられたのである。

# 一重咲きと八重咲き、美しいのは？

ストック
（アブラナ科）

ワトリは、卵を産むめんどりは価値が高いが、おんどりは価値がない。そこで、ヒヨコのうちにメスとオスとを見分ける鑑定が必要となる。

じつは、花の中にもヒヨコと同じような鑑定をするものがある。それがストックである。

アブラナ科のストックは、一重咲きと八重咲きとがある。八重咲きの方が、花が豪華で人気が高く価値が高い。しかし、八重咲きは雄しべも雌しべも、花弁化しているので、種子ができない。それでは、八重咲きの品種はどのように増やせば良いのだろうか。

じつは、一重咲きの種子を播くと、半分が一重になり、半分が八重咲きになる。そ

のため、一重咲きの種子を播いて得られた苗から、一重咲きを間引き、八重咲きだけを選んで栽培するのである。

それでは、どのようにして八重咲きだけを鑑別するのだろうか。

八重咲きの苗は一重咲きにくらべて、発芽が早い。また、最近では鑑別のしやすい品種が育成されており、種子の色で鑑別できるものや、八重咲きの苗の葉に切れ込みが入るものなどが栽培されている。いずれにしても、このような細かい特徴を捉えて鑑別するのである。

もっとも、このように識別できるのは、八重咲きが葉の形などの外観形質で区別できるように品種改良が進められてきたからでもある。その昔は、ストックの八重咲きの鑑別は、本当に難しかった。そして、さまざまな方法が試されたのである。中には、つぼみを食べたときの味で、鑑別する方法もあったという。

## 一重咲きの悲しい運命

アブラナ科植物は、四枚の花びらが十字になることから、十字花植物と呼ばれている。ストックはアブラナ科なので、一重咲きは花びらが四枚である。これに対して、八重咲きは、花びらが何重にも重なっていて、とてもアブラナ科のようには思えない。

一重咲きと八重咲きでは価格が異なるので、生産現場では一重咲きは抜き捨てられてしまう。確かに一重咲きは、八重咲きにくらべるとボリュームに欠けるが、一重咲きは一重咲きで、スマートですっきりとした花がなかなか綺麗である。

ストックの名前は、スキーのストックと同じで「杖」という意味である。茎がまっすぐに伸びてしっかりしていることから、名付けられた。

和名は「紫羅欄花」。これは「アラセイトウ」と読む。ストックは江戸時代初期に日本に伝えられ、この名がつけられた。「アラセイトウ」とは、何とも不思議な名前で、その由来もはっきりしていない。一説では、葉が厚く毛に覆われているところが、ポルトガル語でラセイヌと呼ばれる毛織物に似ていることに由来するとも言われている。

いずれにしても江戸時代の人々にとってはストックは何とも不思議な花だったのだろう。

# 夏の到来を告げ、卯月の由来になった花

ウツギ（アジサイ科）

卯の花の匂う垣根に　ほととぎす早も来鳴きて　忍音《しのびね》もらす　夏は来《き》ぬ

唱歌「夏は来ぬ」は、季節の風物詩が歌い紡がれた、まるで漢詩か和歌を詠みあげるような格調高い詩である。

しかし、文語体で子どもたちには、ずいぶんと難しい。そもそも、子どもの頃は、「夏は来ぬ」の意味が、夏が来たのか来ないのかさえわからなかった。「来ぬ」は完了の助動詞なので「夏が来た」という意味である。しかし、「来ぬ」を「こぬ」と読むと、来ないという意味になる。日本語というのは本当に難しいものである。

子どもの頃の友だちの勘違いでは「夏は暑いから夏は服を着ぬ」という意味だと思

っている人もいたし、あるいは「夏は絹（きぬ）」だと思いこんでいる人もいた。

この歌詞で歌われているのは、「卯の花の咲く垣根にやってきたホトトギスの初音に夏が来たことを感じられる」という意味である。しかし、不思議なことがある。「卯の花の匂う垣根」と歌いだすが、じつは「卯の花」は匂わないのである。

もっとも「卯の花が匂う」というのは、香りがするという意味ではなく、花が盛りに咲いているさまを表しているという。そもそも、古語で「にほふ」は「丹秀《にほ》ふ」に由来し、色が映えて美しいという意味らしい。ちなみに良い匂いがすることは古語では「かほる」が用いられている。そういえば、唱歌「さくらさくら」では桜の花が「朝日に匂う」と歌われていた。

卯の花の植物名はウツギである。歌詞にあるようにウツギは、古くから垣根に用いられた。刈り込みに強く、花が美しいウツギは垣根に適していたのである。そのため、家と家との境界線もウツギで区切ることが多かった。しかし、垣根に用いられたのには他にも理由がある。じつは、真っ白な花を咲かせるウツギは邪気を追い払う力があるとされていて、境界木として屋敷を守るために植えられたのである。

さらには、墓の印として植えられることもあった。ウツギの花が、この世とあの世との境界に使われたのである。

ところで、唱歌「夏は来ぬ」には、他にも謎がある。じつは、ホトトギスは山林で生息しているので、卯の花の垣根に飛んできて鳴くことなど、ほとんどないのである。じつは、万葉の時代から、ウツギとホトトギスはセットで歌に詠まれてきた。ホトトギスは別名を「時告鳥」と呼ばれる。夏の到来を表す鳥とされたのである。

一方、卯の花も夏の到来を知らせる花とされてきた。そして、ホトトギスと卯の花は田植えの時期を知らせる目安として利用されてきたのである。

月の満ち欠けに基づく旧暦は、同じ月日でも年によって季節がずれてしまう。そのため、昔の人々はホトトギスや卯の花など、動植物の動きで季節を知ったのである。

ちなみに、卯の花が咲く季節が「卯月」である。卯月は四月のことだが、旧暦の四月は現在の暦では五月である。ちょうど田植えの始まる季節だったのである。ウツギは、季節の境界を表す木でもあったのである。

田植えが終わると、田んぼに神聖なウツギを立てて神を迎えた。そして、悪霊を抑えるために木で地面を打ったのである。この「打つ木」がウツギの語源になったのではないかとも言われている。ただ、別の説ではウツギは「空つ木」に由来するとされている。ウツギは茎の中が空洞になっていることから、そう呼ばれたのである。

こうして神聖なウツギの花は、香りはないが「匂う」と表現されたのである。

# 美しく複雑な形はハチを呼ぶ戦略

ハナショウブ
（アヤメ科）

五月五日の端午の節句に飾る花と言えば、ハナショウブである。

しかし、五月五日には、まだハナショウブは咲いていない。花菖蒲園の見ごろは梅雨入り前の六月頃である。そのため、子どもの日に飾るハナショウブは、ビニールハウスの中で促成栽培されたものである。

どうして、端午の節句に季節外れのハナショウブがつきものなのだろうか。

じつは、ハナショウブが咲くのは旧暦の五月五日である。

江戸時代までの日本の暦は、月の満ち欠けにもとづく太陰暦であった。これがいわゆる旧暦である。ところが、明治になると国際基準に合わせて太陽暦へ切り替えた。こちらが現代の新暦である。新暦と旧暦とは、おおよそ二十日から五十日程度のずれ

がある。そのため、季節行事の季節感も少しずれてしまったのである。

旧暦と新暦の違和感があるのは、端午の節句だけではない。

たとえば、新暦の三月三日の桃の節句には、桃の花はまだ咲いていない。旧暦の三月であれば、現在の四月上旬から中旬だから、まさに桃も花盛りである。また、新暦の七月七日の七夕は、梅雨のさなかで、天の川を眺められる日が少ない。また、梅雨の時期なのに六月を水無月というのも、旧暦であれば梅雨が明けているからぴったりくるし、五月雨や五月晴れも、本当は梅雨の雨や梅雨の晴れ間のことである。

端午の節句という伝統行事といえども、時代の変化には逆らえないのである。

## もともと端午の節句は女性のためのもの

そもそも、端午の節句は、現在では男子の節句であるが、もともとは女性のための節句であった。旧暦の端午の節句は雨の多い六月なので、ちょうど田植えの季節である。旧暦の五月は田植えの時期であるが、昔、田植えは女の仕事だった。そして、けがれを払うために、ショウブの根に浸した酒を飲んだり、ショウブの葉をひさしに刺したりした。

それが後になって、ショウブを頭に巻き、ショウブ湯に入る習慣も取り入れられるようになったのである。強い芳香を持つショウブには霊力があるとされているが、実際にはさまざまな薬効があるショウブを飲むことで、疲れた体を休めて英気を養ったり、湿度が高く病気や虫が出やすいこの時期に、体を守るなどの実用的な効果もあったのだろう。

それが、武勇を重んじるという意味の「尚武」に通じることや、葉の形が剣を連想させることから、いつの頃からか武家の間では、男の子の成長を祈る日になっていったのである。

ただし、ここでいうショウブは、ハナショウブのことではない。

ハナショウブという植物の名前はずいぶんとややこしい。美しい花を咲かせるハナショウブはアヤメ科の植物である。これに対して、もともとのショウブは、サトイモ科の植物である。サトイモ科のショウブは花が、ほとんど目立たない。

アヤメ科のハナショウブとショウブ科のショウブとは似ても似つかないまったく別の植物であるが、葉がよく似ていて、花が美しいのでハナショウブと呼ばれるようになったのである。現在では、単に「ショウブ」と言ってもハナショウブをイメージすることが多いかも知れない。

サトイモ科のショウブの花は、肉穂《にくすい》と呼ばれている。これは茎が肉厚にふくらんでいるように見えることから、そう呼ばれているのである。また、ショウブの花には花びらはなく、花の色も黄緑色でほとんど目立たない。

## ショウブとハナショウブの戦略

植物の花はハチなどを呼び寄せて花粉を運んでもらうために、花びらで装飾した美しい花を咲かせる。それなのに、どうしてサトイモ科のショウブの花は目立たないのだろうか。

じつは、サトイモ科のショウブは、ハエに花粉を運んでもらっている。ハエは、臭いだけあれば集まってくるので、花を目立たせる必要がないのである。一方、アヤメ科のハナショウブは、ハチを呼び寄せるために、美しい花を咲かせる。そして、ハチに花粉を運ばせるために、複雑な花の形をしているのである。

ハナショウブの花は、下に垂れ下がった大きな花びらと、上側の花びらの二枚からなる横に咲く花のユニットが三つ組み合わさった構造をしている。下に垂れ下がった花びらにある黄色い模様はガイドマークと呼ばれるもので、ハチに蜜のありかを示すサインとなっている。

ハチはこのガイドマーク目指して下の花びらに着陸する。つまり、下の大きな花びらは、ちょうどヘリポートのような役割をしているのだ。そして、ガイドマークに従って、ハチが下の花びらと上の花びらの間を中へともぐりこんでいくと、雌しべと雄しべが配置されている。こうして、ハチの体に花粉をつけてしまうのである。

ハナショウブの花が複雑な形をしているのは、このようにハチの行動をコントロールするためだったのだ。

武将に好まれたハナショウブだが、その美しい花に隠されていたのは、じつは戦国武将顔負けの戦略家の顔だったのである。

# 名前と分類に翻弄されても美しく咲く

アヤメ（アヤメ科）

「いずれアヤメかカキツバタ」という言葉がある。アヤメもカキツバタも美しいことから、どちらも優れていて優劣がつけがたいことをたとえて、そう言うのである。

アヤメとカキツバタ、そしてハナショウブの三種はとてもよく似ている。

この三種を見分けるポイントはいくつかあるが、もっともわかりやすいのは下の花びらの模様である。ハナショウブは花びらの模様が黄色であるのに対して、カキツバタは白色である。そしてアヤメは、網目状の模様がある。また、ハナショウブは、葉の中央の葉脈がはっきり見えるという特徴もある。

よく似た三種の植物だが、もともと生息地が異なる。

野生の状態では、カキツバタは水がたまるような湿原に生息する。これに対して、ハナショウブは、湿った草原に生える。そして、アヤメは排水の良い草原に生える。つまり、水の中に生えるのはカキツバタだけで、ハナショウブやアヤメは、もともとは湿原というよりは、水のない草原に生える植物なのである。

菖蒲園では、ハナショウブは水を切った状態で栽培されるが、花の時期には、美しく見えるという理由で、わざわざハナショウブのまわりに水を張っているのである。ハナショウブにとっては、ずいぶんと迷惑な話である。

**ハナショウブ？　ショウブ？　アヤメ？**

ところで、アヤメという名前は相当にややこしい。

ショウブは漢字で「菖蒲」と書く。それでは、アヤメは漢字でどう書くのだろうか。じつはアヤメも漢字で書くと「菖蒲」である。ショウブもアヤメも同じ漢字表記なのである。ショウブとアヤメとは何ともややこしい。

かなり頭がこんがらがってしまうので、ぜひ、ここから先は覚悟して読んでいただきたい。

すでに紹介したハナショウブは、サトイモ科のショウブに葉が似ていることから名付けられた。ところが、これだけでもややこしかったのに、ここにアヤメが登場する。あろうことかサトイモ科のショウブは、万葉の時代にはアヤメ（文目）と呼ばれていたのである。これは、剣のような形をした葉が並ぶようすが文目模様《あやめ》に似ていることから名付けられたと言われているのである。

つまり、ショウブもアヤメも漢字で同じ「菖蒲」と書くのは、どちらも同じサトイモ科のショウブを指す名前だったからなのである。

ところが、やはり同じような葉を持ちながら、ショウブにはない美しい花を咲かせる植物が登場した。それが、現在のアヤメ科のアヤメである。一説には、アヤメ科のアヤメは花の文様が文目模様であることに由来するとも言われているが、ショウブ科のアヤメがすでに存在していたことから、アヤメ科のアヤメの名も、葉の形によるという説が有力である。

いずれにしても、アヤメと呼ばれる植物が二つあってはややこしいので、最初のうちは両者を区別するためにサトイモ科のショウブを「あやめ草」、アヤメ科のアヤメを「花あやめ」と呼ぶようになった。ところが、美しい花の方が目立つので、やがて単に「アヤメ」といえばアヤメ科のアヤメのみを指すようになってしまったのである。

現在では、商標や名称をめぐるトラブルが絶えないが、「ショウブ」や「アヤメ」という名称をめぐる植物の関係も相当に込み入っている。

しかし、アヤメやハナショウブが悪いわけではない。じつは、サトイモ科のショウブが「アヤメ」の名前を奪われてしまった原因には、名前を巡るショウブ自身のトラブルもあったのである。

## 中国からやってきたセキショウ

そもそも「菖蒲」という名は、同じサトイモ科のセキショウという植物を指す名前である。中国で「菖蒲」といえばセキショウのことなのだ。セキショウは中国では不思議な薬草とされていて、端午の節句には菖蒲酒として飲まれたり、魔よけとして用いられていた。平安時代の日本は、とにかく先進国である中国のものを尊んでいたから、こうした端午の節句の習慣もさっそく取り入れたのである。

ところが、日本には中国でショウブと呼ばれていたセキショウが自生していない。そこで、セキショウによく似たあやめ草をショウブと呼んで、端午の節句に用いるようになったのである。こうしてあやめ草はショウブを名乗るようになり、花あやめはアヤメの名を継承するようになったのである。

やがて中国から本物のショウブが導入されたが、すでにそのときにはもともとあやめ草だった植物がショウブの名を語っていた。そこで、中国からやってきた本物のショウブは、岩場に生えるショウブ（菖蒲）という意味でセキショウ（石菖）と呼ばれるようになってしまったのである。

植物自身は、昔から何一つ変わっていないが、名前をつけて分類したがる人間のせいで、ずいぶんとややこしいことになっている。本当は自然界には、何の区別も差別もない。いずれがアヤメかカキツバタとくらべたがり、差をつけたがることも人間の悪い癖の一つなのである。

# 「あなたの愛は生きています」の言葉と共に

## カーネーション（ナデシコ科）

五月の第二日曜日は母の日である。この母の日に欠かせないのが、何はなくともカーネーションである。母の日が近づくと、街の店先にはカーネーションがあふれ、何となくせわしない気分になる。そしてカーネーションを添えて贈る母の日のプレゼントを買い求める人たちで、街はにぎわうのである。

母の日にカーネーションを贈るようになったのは、アンナ・ジャービスが母親の命日に母親の好きだった白いカーネーションを配ったのが、始まりであると言われている。やがて母の日は、アメリカで国民の祝日となり、健在な母親には赤いカーネーションを、亡くなった母親には白いカーネーションを贈るようになったのである。

カーネーションは、ナデシコの仲間である。ナデシコは「撫子」と書く。つまりは「撫でし子」である。撫でて慈しむ子のように、かわいらしいことから撫子と名付けられたのだ。

カーネーションの名前の由来は諸説あるが、ラテン語で肉を意味する「カーン」に由来するという説がある。花の色が、肉の色に似ていることから名付けられたのである。これは、カーニバル（謝肉祭）と同じ語源である。

## 影が薄い父の日の花

カーネーションにはたくさんの花言葉がある。一般的な花言葉は「無垢で深い愛」である。また、赤いカーネーションは「母への愛」、ピンク色のカーネーションは「女性の愛」、白色のカーネーションは「純粋な愛」、黄色のカーネーションは「軽蔑」など、花の色ごとにさまざまな花言葉がある。

ＮＨＫの連ドラの「カーネーション」は、ファッションデザイナーであるコシノ三姉妹を育て上げた小篠綾子を主人公にした物語だが、各週のサブタイトルは、さまざまな花の花言葉だった。そして、最終週の花言葉が、カーネーションの花言葉「あなたの愛は生きています」だったのである。

ちなみに母の日のカーネーションは誰でも知っているが、父の日の花を知る人は少ない。父の日の花はバラである。母の日と同じように健在な父親には赤いバラを、亡くなった父親には白いバラを贈る。また、日本では父の日の黄色いリボンキャンペーンにちなんで黄色いバラも贈られる。

しかし、残念ながら母の日にくらべると、父の日の影は薄いようだ。バラは花の女王と呼ばれるほどの豪華な花だ。それだけの花をもってしても、やっぱりカーネーションには勝てないのだから、やっぱり母とはすごいものだ。

# 綺麗な花にするどいトゲがある理由

バラ（バラ科）

薔薇という漢字は、読めるけれども書けない漢字の代表格だろう。

薔薇の「薔」という字はヤナギタデという植物を表す言葉である。また、薔薇の「薇」は山菜のゼンマイを表す言葉である。ヤナギタデもゼンマイもバラとは似ても似つかないが、なぜか薔薇という字が当てられている。

薔薇の「薔」という字は、もともと細長く伸びるという意味がある。「薇」は日本ではゼンマイを表す字であるが、中国では、カラスノエンドウというマメ科の野草を表す漢字であった。

薔薇はバラ科バラ属の植物を表す総称である。じつは、バラの仲間は半つる性で、他の植物に寄り掛かりながら、伸びていくものが多い。「綺麗な薔薇にはトゲがある」

と言われるが、そもそも、バラのトゲも、他の植物にひっかかるために発達したものである。そのため、細長く伸びるイメージの「薔」と、つる植物を表す「薇」を合わせて、薔薇という漢字が当てられたのである。

「バラ」という花の名前は外来語のように思われることも多いが、「薔薇」という漢字もあるように、「バラ」という呼び名は古くからの日本語である。バラは、もともと「トゲ」を意味する「いばら」に由来していて、トゲのある植物の総称であったが、やがてノイバラなどバラ科の植物を表すようになり、そして、現在では西洋のバラの花を意味する言葉となったのである。

バラは英語では「ローズ」という。ローズの由来は諸説あるが、ケルト語で「赤」を意味する rhod に由来するという説が有力である。つまり英語で赤を意味する red と同じ語源なのである。

バラは世界にさまざまな野生種があり、それらを材料にして古くから品種改良が行われてきた。バラの栽培は五千年前に遡ることが可能であり、少なくとも数千年の歴史の中でバラは改良が加えられてきた。

バラというと、今では八重咲きが当たり前だが、そもそもバラ科の植物は、花びらが五枚であるというのが特徴である。たった五枚の花びらの花を、改良に改良を加えて、現在、私たちが目にするような八重のバラを育成したのである。

バラの品種は古くは赤いバラと白いバラであった。

十五世紀の英国で、王位継承をめぐってランカスター家とヨーク家が争った内乱は、「バラ戦争」と呼ばれている。ランカスター家が赤いバラ、ヨーク家が白いバラを紋章として戦ったことから、そう呼ばれたのである。このバラ戦争はヨーク家が勝利したが、最後には赤バラのランカスター家の縁者であるヘンリが、白バラのヨーク家のエリザベスと結婚することで両者の争いは終結した。バラの品種の世界でも、赤いバラと白いバラがあるということは、その間のピンク色のバラも存在する。

そして、一九〇〇年になってオランダの野生種を用いて、黄色いバラの品種が作出された。そして、さまざまな花色の品種が作出されていったのである。

ただし、青いバラは長い間作りだすことができなかった。「青いバラ」という言葉は、長い間「不可能」であることを表す言葉だったくらいである。しかし、二十一世紀になって、遺伝子工学の技術を利用して、日本のサントリーが青いバラを開発した。この快挙によって、青いバラの花言葉は「不可能」から「奇跡」に変わったのである。

現在も、より純粋な青色のバラの開発への挑戦が育種家たちによって行われている。美しいバラを作りだす人間のあくなき夢は、未だ尽きていないのである。

# 乙女の期待を裏切らない科学的な花占い

## マーガレット（キク科）

マーガレットとは、いかにも乙女が心惹かれるような名前の花である。欧米では昔から女性の名前にもよく使われている。

そういえば、「マーガレット」という名の少女雑誌もあった。

マーガレットというかわいらしい花の名前は、「真珠」を意味する「マルガリーテス」に由来する。

意外に思えるかも知れないが、マーガレットはアフリカ原産の植物である。マーガレットはアフリカ西海岸のカナリア諸島に自生していたが、フランスで園芸用に改良された。

いずれにしても、マーガレットの花は乙女たちにふさわしい。

何しろマーガレットの花言葉は、「心の中に秘めた恋」である。また、清楚なマーガレットの花は、結婚式のブーケにも用いられる。

「好き」「嫌い」「好き」「嫌い」……

乙女たちが花びらを一枚一枚取っていく恋占いに用いられたのも、マーガレットの花である。

しかし、恋占いを楽しむ純粋な乙女たちには、無粋な話かも知れないが、花びらの枚数は植物によって、決まっている。じつは、マーガレットの花びらの数は二十一枚なのである。

二十一は奇数だから、「好き」から始めれば、必ず「好き」で終わることになる。花びらの恋占いは、「好き」から始めるから、マーガレットの恋占いは、乙女たちの夢を裏切らないのである。もしかすると、乙女たちは、それを承知でマーガレットを恋占いに選んだのかも知れない。

もっとも、花びらの枚数は栄養条件によって変化することがあるから、たまに偶数になることもある。しかし、奇数であるはずの花びらが偶数になってしまっているのだから、その恋はよほど運がないのだろう。

## 花とフィボナッチ数列

それにしても、二十一枚というのは、中途半端な枚数にも思える。

じつは、植物の花びらの枚数は、フィボナッチ数列という数列に従っていることが知られている。

フィボナッチ数列は映画「ダ・ヴィンチ・コード」で地下金庫を開く暗証番号として、用いられた数列としても知られている。その暗証番号は、「１２３５８１３」であった。

この数字は、ある法則に従って作られたものである。

この番号は「1、2、3、5、8、13」という六つの数字が並んだ数列になっている。そして、この数列は、「1、2、3、5、8、13、21、34……」と続いていく。

この数字の並びには、どのような法則があるのだろうか。

一見すると不規則に並んでいるように思える数字は、じつは、前の二つの数値を足した数が並んでいくという規則性がある。1＋2＝3、2＋3＝5、3＋5＝8、5＋8＝13というように、次の数字が作られていくのだ。この数列が、フィボナッチ数列と呼ばれているものである。

何ともひねくれた数列のように思われるが、不思議なことに、多くの植物の花びらの枚数は、この数列で作られる数字に従っている。

たとえば、スミレやサクラの花びらは五枚である。また、コスモスは八枚である。そしてマリーゴールドは十三枚である。そして、マーガレットは二十一枚なのである。

ヒナギクは、花の大きさによって花びらの枚数が変化するが、それでも三十四枚、五十五枚、八十九枚とフィボナッチ数列に従っている。ヒマワリも花の大きさによって花びらの枚数が変化するが、八十九枚か百四十四枚である。むやみに花びらがあるように思えても、ちゃんと数列の規則に従っているのである。

しかし、フィボナッチ数列に従わないものもある。

たとえば、アブラナは花びらが四枚である。あるいは花びらの枚数が、七枚、十一枚、十八枚の植物もある。これは、どういうことだろう。

じつは、これらは別の数列に従っている。

それはリュカ数列と呼ばれる数列である。

リュカ数列は、フィボナッチ数列の前に2を入れる。つまり、始まりが「2、1……」となる。そうすると2＋1＝3、1＋3＝4、3＋4＝7、4＋7＝11、というように、例外に思えた植物も、しっかりと数列に従っているのである。
自然の創造者は、偉大な数学者なのだろうか。
自然というのは本当に不思議である。

# 剣闘士たちの武器に見立てられた花

## グラジオラス
（アヤメ科）

かつて古代ローマのコロシアムでは、剣闘士たちが武器を取って戦った。ラテン語で剣はグラディウスという。そして、グラディウスで戦うことから、この剣士たちはグラディエイターと呼ばれていたのである。

剣闘士といえば、格好がいいが、グラディエイターたちは見世物のために戦うことを宿命づけられた奴隷や、戦争の捕虜たちである。彼らはときには、猛獣と戦うこともあったという。まさに負の歴史と言っても良いだろう。

この物騒なグラディウスに由来して名付けられた花がある。それが、グラジオラスである。グラジオラスは、葉の形が、グラディウスの剣に似ていることから名付けられたのだ。また、グラジオラスにはスォード・リリーの別名もある。これは「剣のユ

リ」という意味である。

植物の葉を剣に見立てるという発想は、何とも奇抜な気もするが、じつは、日本でも剣に見立てられた植物がある。それが、ハナショウブやアヤメである。日本ではアヤメ科のハナショウブやアヤメが、葉の形が剣に似ていることから、武家の間で重んじられた。まさに、グラジオラスと同じ発想である。

じつは、グラジオラスもハナショウブやアヤメと同じアヤメ科の植物である。

## 中世の兵士は出征のお守りに

グラジオラスは、日本には江戸時代末期にオランダ人によって長崎に持ち込まれた。アヤメ科のショウブやアヤメに似ているので、唐菖蒲（トウショウブ）やオランダアヤメという別名がある。

葉は剣に似ているとされたが、球根は鎧に似ているとされて、中世の兵士は出征のときのお守りとして、グラジオラスの球根を持ったという。グラジオラスの球根は網目状の皮で包まれている。これが鎧に似ているとされて、ケガをしないお守りになったのである。

一方で、色っぽい言い伝えもある。

かつて恋人たちは密会するときに、グラジオラスの花を贈ったという。そして、その葉の数が、密会の時刻を表していたという。そのためか、グラジオラスの花言葉は「内緒の話」である。

騎士や恋人たちに愛された気高い花だが、意外なことに原産地はアフリカである。原産地では、花を観賞するというよりも、球根が食用にされていたという。そんなエピソードを聞くと、なぜかホッとする。まるで都会に出て背伸びして着飾っている人のようだ。グラジオラスも、きっと故郷では、のんびりと咲いていたことだろう。

# 英語でスカンク呼ばわりされる花

ミズバショウ
（サトイモ科）

唱歌「夏の思い出」に次のような歌詞がある。

〜水芭蕉の花が　匂っている　夢みて匂っている水のほとり〜

ミズバショウはほのかに良い香りがする。

ところが、意外なことにミズバショウは英語ではスカンク・キャベツと呼ばれる。スカンクと言えば、くさい臭いで敵を撃退する動物である。どうして良い香りのするミズバショウがスカンク呼ばわりされているのだろうか。

ミズバショウはサトイモ科の仲間である。サトイモ科の仲間は、肉穂花序と呼ばれる棒状の花を咲かせて、そのまわりを苞《ほう》と呼ばれる葉の変化したもので囲んでいるのが特徴である。この仲間はハエを呼び寄せて花粉を運ばせるため、ハエを集めるため

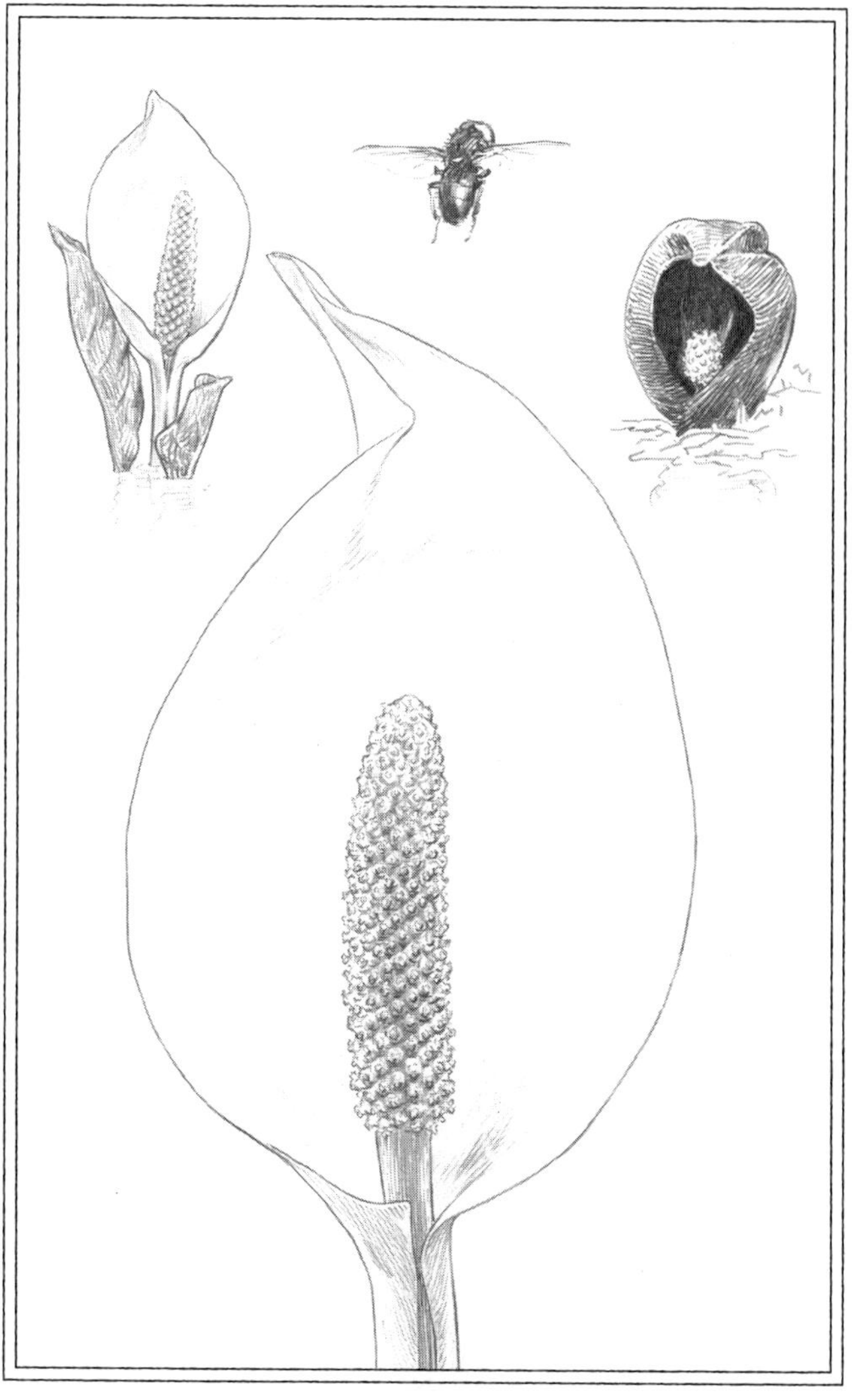

に多くは腐った肉のような臭いを出している。その臭いがスカンク・キャベツと呼ばれる所以なのである。

スカンク・キャベツは、もともと、サトイモ科のザゼンソウを指す呼び名である。ザゼンソウは、「座禅草」である。この名前は、苞で囲まれた花の形がお堂の中でお坊さんが一心に座禅を組んでいるように見えることに由来している。

**ザゼンソウの戦略**

ザゼンソウの花は茶褐色で、まったく目立たない。美しい花びらを見つけて花にやってくるハチと異なり、ザゼンソウの花粉を運ぶハエは臭いだけで集まってくるので、美しい花びらは必要ないのである。

このザゼンソウは、少し変わった工夫をしていることで知られていて、お堂のようになった花に秘密がある。じつは、ザゼンソウはお堂のような形の花で外気を遮断して、花の内部を暖かくしているのである。ザゼンソウは、まだ寒い早春に花を咲かせるため、集まったハエたちは暖かい花の中で居心地良く動き回る。そして、ハエの体に花粉がつくのである。そればかりか、ザゼンソウは、自ら発熱システムを持っていて、花の中の温度を上げていることが知られている。

このザゼンソウが、本当のスカンク・キャベツである。

そしてミズバショウは、ザゼンソウの仲間なので、「アジアン・スカンク・キャベツ」と呼ばれたのである。

ザゼンソウに代表されるように、サトイモ科の花の苞は、大して美しくないが、ミズバショウの苞は白く美しく、花は良い香りもする。スカンク・キャベツの汚名を晴らそうと一生懸命、美しい花を咲かせているように見えるが、集まってくる昆虫は、やはりハエが多いらしい。血筋は争えないのである。

アメリカのシンガーソングライターが「夏の思い出」を英訳しようとしたときに、まさか「スカンク・キャベツが匂っている」と言うわけにはいかなかった。そして結局、単に「花が匂っている」と訳したという逸話も残っている。

ミズバショウの美しい白い花は、残念ながら英語には訳せないのである。

# 虫が拒むように進化を遂げた花

## スイートピー（マメ科）

スイートピーは「甘いエンドウ」という意味である。これはスイートピーに甘い芳香があることに由来している。スイートピーは日本語では、「じゃ香エンドウ」と言う。じゃ香とはジャコウジカから取れる香料で英語ではムスクと呼ばれるものだ。

ただし、スイートピーはエンドウと同じマメ科ではあるが、エンドウと近縁の仲間ではない。エンドウはマメ科エンドウ属であるのに対して、スイートピーはマメ科レンリソウ属なのである。

同じ属ではないが、同じマメ科のスイートピーとエンドウの花はよく似ている。

マメ科の花は蝶形花と呼ばれる独特の形をしている。その名のとおり、チョウが羽

を広げているような複雑で美しい形である。チョウが飛び立つような花の形から、スイートピーの花言葉は「門出」である。

このチョウのような花の形には、秘密がある。

蝶形花の上側には、旗弁と呼ばれる花びらがある。これはその名のとおり、旗のような役割をしていてハチなどの虫がやってくる目印になっているのである。

逆に、花の下側には舟の形をした舟弁と呼ばれる花びらがある。ハチが蜜を吸おうと舟弁に足を掛けると、その重みで舟弁が下がるようなしくみになっているのだ。そして、横側にある側弁と呼ばれる花びらは、花の奥へとハチを誘導する役割をしている。こうして、チョウのように見える複雑な花の形を形成しているのである。

ところが、エンドウやスィートピーでは、舟弁が下がらない。ハチが訪れるための花を持ちながら、エンドウやスィートピーの花は虫がやってくるのを拒んでいるのである。

## 人間のために花を咲かせる?

植物は、昆虫が花粉を運ぶことによって、他の個体と交配することができる。そして、多様性のあるさまざまなタイプの子孫を残して、あらゆる環境条件に適応しようとするのである。

ところが、エンドウやスィートピーは違う。人間に保護されて育つ植物は、厳しい環境条件を乗り切る必要がない。むしろ、これから先、人間の保護を受け続けるためには、人間たちが期待する優良性質を、変わることなく子孫代々に伝えていくほうが良いことになる。

そのため、他の花と花粉を交えるよりも、自分の花粉で自殖して自分と同じ性質の子孫を残したほうが良いことになる。そして、エンドウやスィートピーは、昆虫の訪問を頑なに拒否して、昆虫のためではなく、人間のために花を咲かせるようになったのである。

エンドウは、メンデルが遺伝の法則を発見した植物として知られている。もし、エンドウが他の個体と交配していたとしたら、子孫の形質は複雑すぎて、とても遺伝の法則は見いだせない。メンデルが遺伝の法則を発見できたのは、エンドウが自殖によってシンプルな遺伝のしくみを持っていたからこそなのである。

# カタツムリとはじつは相性が良くない花

## アジサイ（アジサイ科）

梅雨と言えば、雨に濡れたアジサイに、カタツムリという光景がよく似合う。

しかし、実際には、アジサイにカタツムリがいることは少ない。カタツムリは雑食性で何でも食べるが、アジサイの葉は食べることができない。じつはアジサイは葉に毒があるので、カタツムリはアジサイの葉を食べることができないのである。

ちなみにカタツムリは、雨の日にブロック塀やコンクリート塀などに集まっているが、これはブロック塀を食べているからである。カタツムリは殻の材料となるカルシウムを得るために、ブロック塀やコンクリートをかじっているのである。

アジサイは学名をハイドランジア・マクロフィラと言う。ハイドランジアはラテン語で水の容器と言う意味である。これはアジサイが水をよ

く吸うためであるとか、実の形が水瓶に似ているからなどの説がある。いずれにしても、雨の中に咲く花によく似合う学名である。また、学名のマクロフィラは、大きな葉という意味である。

一方、江戸時代に日本にやってきたドイツ人医師のシーボルトは、日本の植物について研究をしたが、アジサイの新種の学名を「ハイドランジア・オタクサ」と名付けた。残念ながら、このアジサイは新種として認められなかったため、シーボルトの学名は現在では使われていないが、ハイドランジア・オタクサのオタクサは、シーボルトの日本の妻の名に由来すると言われている。

その女性の名は楠本滝で「お滝さん」と呼ばれていたのである。何ともロマンチックな学名で、この学名が残っていないのは残念である。

## 世界で大人気の園芸植物

アジサイはもともと日本原産の植物で、日本で園芸植物として改良が進められた。山に自生するコアジサイが古いタイプのアジサイである。コアジサイは小さな花が集まっているだけで、花びらのようなものがない。やがて花を目立たせるために、集まった小さな花の外側に装飾花と呼ばれる花びらを持つ花が分化したアジサイが進化をした。これがガクアジサイである。

ちなみに、ガクアジサイの名前は、まわりに大きな花びらを持つ花が並ぶようすが額縁のようであることから名付けられた。ただし、偶然ではあるが、アジサイの花の花びらのように見えるのは、花びらではなく、がくが変化したものである。よくアジサイの花はドライフラワーにするが、花びらが萎れて散ってしまわないのは、それが本当の花びらではなく、がくであるためである。

園芸用のアジサイは、このガクアジサイを改良して、すべての花が花びらを持つ装飾花にしたものである。ガクアジサイと区別するために、玉のように咲く園芸種のアジサイのことをホンアジサイと呼ぶこともある。

こうして日本で改良されたホンアジサイは、幕末から明治にかけて、中国を経由してヨーロッパに伝えられた。ところがヨーロッパでは、日本で咲くようなアジサイの花を見ることができなかったという。じつは、日本では美しい青色をしていたはずのアジサイの花が、ヨーロッパでは赤紫色になってしまったのである。

どうして、このようなことが起こってしまったのだろうか。

アジサイの名前は、「藍色が集まったもの」を意味する「あづさい（集真藍）」に由来すると言われている。つまり、アジサイの花の色は藍色である。ところが、アジサイは別名を「七変化」と言うように、花の色が変化する。この花の色を変化させるものが、土の酸性度である。

アジサイの花の色は酸性土壌では青色になり、アルカリ性土壌では赤紫色になる。日本の土は多くが火山灰土壌由来の酸性土壌なので、アジサイは美しい青色になる。ところが、ヨーロッパでは土壌がアルカリ性なので、アジサイの花は赤紫色になってしまうのである。

ちなみに酸性で青になり、アルカリ性で赤になるという色の変化は、小学校の理科で使ったリトマス試験紙と逆の反応である。

**本来アジサイは赤紫色**

アジサイの花の色素はアントシアニンである。アントシアニンもリトマス試験紙の色素と同じように、本来は酸性で赤色になり、アルカリ性で青色になる。それなのに、どうして、アジサイの花は、アントシアニンとは逆に酸性で青色、アルカリ性で赤色になるのだろうか。

これは土の中のアルミニウムイオンが関係している。

酸性土壌では、アルミニウムイオンが溶け出してくる。アジサイはアルミニウムイオンを吸収するので、アルミニウムイオンと花の色素が結びついて、青く発色してしまうのである。つまり、アルミニウムがないヨーロッパの土壌で咲いた赤紫色が本来のアジサイの色なのである。

ヨーロッパでは、本来の色である赤紫色のアジサイから、赤色やピンク色、白色などさまざまな花色の品種を作り出した。これらの品種が大正時代になって日本に逆輸入の形で伝わったのがセイヨウアジサイである。まさに世界をめぐって、発展した花なのである。

# 厳しい環境に気高く咲く高嶺の花

## エーデルワイス（キク科）

古いマンガやドラマなどで、「愛する少女のために命がけで崖に咲く花を取る」という場面が出てくる。

この話のモチーフとなったのが、エーデルワイスである。

エーデルワイスは、スイスアルプスなどの標高二千メートル以上の高山に生えているキク科の植物である。日本語では、セイヨウウスユキソウ、植物全体が白い綿毛に覆われていたことから、「薄雪草」と呼ばれているのである。

エーデルワイスの名前は、ドイツ語で「高貴な白」という意味である。まさに気高い美しさを持つ花だ。伝承では、天の星がアルプスに落ちて、エーデルワイスの花になったとされている。

アルプスによく似合うエーデルワイスは、スイスの国花にもなっている。ジュリー・アンドリュース主演の映画「サウンド・オブ・ミュージック」の挿入歌「エーデルワイス」でも有名だろう。

高嶺の花という言葉があるが、エーデルワイスはまさに「高嶺の花」にふさわしい花である。

貧しい昔は、白く美しいエーデルワイスの花は、女性へのプレゼントに用いられた。しかし、けわしい崖に生えていることから、危険を冒して取りに行き、命を落とした若者も多かったという。

じつは、古くから人々がエーデルワイスを採取しすぎたため、ついには崖など取りにくい場所だけに残ったと言われている。

この花には、美しくも悲しい物語も残されている。

イタリアのマッターホルンで、山に出掛けた夫が戻ってこない。妻は山中を探し回り、見つけたのは深いクレパスの底に落ちた夫であった。そして、夫の傍にいたいと神に祈った彼女は、やがて夫の傍らで美しく白い花に姿を変えたという。それが、エーデルワイスである。

## 寒さに耐えるさまざまな工夫

高山の氷雪の厳しい環境に育つエーデルワイスには、さまざまな工夫が見られる。植物が白い綿毛で覆われていることも、寒さに耐えるための工夫である。

また、白く美しいエーデルワイスだが、実際にはエーデルワイスの花には、花びらはない。花びらのように見えるのは、苞葉《ほうよう》と呼ばれる葉が変形したものである。寒い中で大きな花を咲かせることは簡単ではない。そこで、葉を色づけて花のようにして、その中で五ミリ程度のごく小さな花を咲かせるのである。

もちろん、この花のしくみは、高山でハチたちを集めるためである。しかし、この小さな花の魔力が人々を惹きつけ、命がけで崖を登らせるのである。

# 夜の交友関係の意外なパートナー

テッポウユリ

（ユリ科）

テッポウユリは「鉄砲百合」である。

テッポウユリの名は、細長い花を鉄砲の筒にたとえてつけられた。

どうして、テッポウユリは細長い花の形をしているのだろうか。よくよく考えてみると不思議である。

じつは、この長い筒のような花の形には、テッポウユリなりの理由がある。

テッポウユリはもともと九州から沖縄など南西諸島の海岸に自生している野生のユリである。そのユリを品種改良して園芸用のテッポウユリが作られたのだ。

球根で増やす園芸用品種のテッポウユリは、球根で増やし続けられているうちに、種子をつける能力が低下してしまっている。そのため、テッポウユリが種子をつける

ことはあまりない。

しかしテッポウユリももともとは種子で分布を広げていく。そのため、野生のテッポウユリは種子をつけて増える。ただし、種子をつけるためには、花を訪れた昆虫が花粉を運び、授粉しなければならない。

植物は、花粉を運んでもらう昆虫を呼び寄せるために美しい花を咲かせる。多くの花が、花粉を運んでもらうパートナーとして花から花へと飛び交うハチやアブを選んでいる。

それではテッポウユリは、どのような昆虫に花粉を運んでもらっているのだろうか。テッポウユリの花粉を運ぶのは、ハチやアブではない。じつは、テッポウユリは意外な昆虫に運んでもらっている。それは、夜に飛ぶガである。

スズメガというガは、まるで鳥のスズメのように活発に飛び交うことから名付けられた。このスズメガが、テッポウユリの花粉の媒介者なのである。スズメガは、時速五十キロの高速飛行が可能なほど、飛翔能力が高い。そのため、スズメガに花粉をつけることができれば、遠くまで花粉を運んでもらうことができるのだ。

しかし、植物にとってスズメガは、花粉を運ぶパートナーとしてはやっかいな存在である。何しろスズメガは、ホバリングして空中静止しながら、花に止まることなく長いストローのような口を伸ばして、蜜を吸うことができるのである。これは植物の花にとっては、都合が悪い。蜜だけ吸われて花に止まってもらえなければ、昆虫の身体に花粉をつけることができないのである。

そこで、工夫されたのが、テッポウユリの花の形である。

テッポウユリは長い筒のような花を咲かせて、花の一番奥深いところに蜜を隠した。そして、長い雄しべと雌しべを伸ばして、飛びながら蜜を吸うスズメガに花粉をつけられるようにしたのである。

テッポウユリは夜に飛ぶスズメガに花粉を運ばせるために咲く「夜の花」である。確かに昼間も咲いて、ハチやアブもテッポウユリの花に潜り込んでいるようすを見かけるが、それはテッポウユリの真の姿ではない。

テッポウユリは夜の花としての特徴を有している。

たとえば、テッポウユリは美しい純白の色をしているが、これも闇の中を飛んでくるスズメガに花を目立たせているのである。また、テッポウユリは夕方になると強く香るようになる。こうして、甘い香りでスズメガを招いているのである。

## キリスト教の神聖な花

しかし、このスズメガを呼び寄せるための純白の色が、思わぬ人を引き寄せた。南西諸島原産のテッポウユリは、キリスト教の人々の間で、神聖な花とされているのである。キリスト教では、テッポウユリは「イースターリリー」と呼ばれている。キリスト教では純白のユリは「純潔」や「貞操」のシンボルとされている。キリスト教の春の行事に、日本語では「復活祭」とも呼ばれているイースターがある。このイースターにテッポウユリを飾るのである。

それにしても、日本の島の海岸に生えているユリが、どうして、キリスト教の行事で重要な役割を果たしているのだろうか。

テッポウユリは、江戸時代に日本を訪れていたドイツ人医師のシーボルトによってヨーロッパに紹介された。もともとイースターにはマドンナリリーという白いユリが飾られていた。ところが、白くて立派なテッポウユリが大流行をし、マドンナリリーに代わってテッポウユリがイースターに用いられるようになったのである。

そして、明治になるとヨーロッパで改良されたテッポウユリが、日本に逆輸入で紹介されて、日本でも園芸種として栽培されるようになったのである。

ところで最近では、道ばたや線路の脇にテッポウユリのようなユリが咲いている。

これは実際にはテッポウユリではなく、テッポウユリの仲間でタカサゴユリという別の種類のユリである。

野生のテッポウユリは沖縄など南西諸島に分布しているが、タカサゴユリはもともとは台湾に分布しているユリである。このタカサゴユリはテッポウユリから進化したと考えられているが、テッポウユリとは異なるずいぶん変わった特徴を持っている。

テッポウユリは一つの花から百個程度の種子が作られるが、タカサゴユリはその十倍の千個もの花を咲かせる。

中には種子を作ることに一生懸命すぎて、球根をほとんど太らせない株もある。

こうしてたくさんの種子を作り、旺盛な繁殖力で、次々に増えていくのだ。

しかも、テッポウユリは種子が芽を出してから、花を咲かせるまでに早くても三年程度を必要とするが、タカサゴユリは成長が早く、種子から一年以内に花を咲かせることができる。

ユリの中ではユニークな特徴で、道ばたや公園に雑草のように増えているのだ。

テッポウユリから進化したタカサゴユリには、いったいどのような身の上があったのだろう。その美しさが愛されているユリの仲間の中で、唯一タカサゴユリだけは、どういうわけか、雑草として振る舞い、繁茂しているのである。

# 日本のユリを元に作られた華やかな花

## カサブランカ（ユリ科）

ユリは花粉が落ちにくい。

これにはちゃんとした理由がある。野生のユリの仲間は、チョウやガなど飛翔能力の高い昆虫に花粉を運んでもらう。ところがチョウやガは、長いストローのような口で、花の蜜を吸うので体に花粉をつけるのは容易ではないのだ。

そのため、苦労してつけた花粉が落ちてしまわないように、花粉がネバネバして取れにくくなっている。そして、一つの花粉がつけば、他の花粉もくっついて、一気に花粉をつけようとしているのである。

園芸植物として改良された今も、ユリはこの苦労して身につけた花粉の粘着性を失わずにいるのである。

すでに紹介したように、スズメガに花粉を運んでもらうテッポウユリの花は筒のように長い形をしていた。

一方、アゲハチョウに花粉を運んでもらうユリの種類もある。たとえば、山野に見られるものでは、ヤマユリやオニユリが代表的なものである。

アゲハチョウに花粉を運んでもらうユリは、花びらをそり返し、花を広く開いている。そして、雄しべや雌しべを長く伸ばしているのである。花びらをそり返している分だけ、雄しべや雌しべが前面に出ることになる。

ユリの花は横を向いていて、アゲハチョウは花に止まることができない。アゲハチョウが、蜜を吸おうと苦労して花をバタつかせると、チョウの体に花粉がつくようになっているのだ。

## 世界中の人々に愛される花

テッポウユリやヤマユリ、スカシユリ、ササユリなど、日本には美しい野生のユリがたくさんあった。やがて江戸時代になると、これらのユリがヨーロッパに紹介される。そして明治時代には、ヨーロッパに向けて盛んにユリの球根が輸出されたという。

こうしてヨーロッパでは日本のユリを元にして、さまざまなユリの品種が作られたのである。

豪華で立派なカサブランカは、「ユリの女王」と称される代表的なユリの品種である。カサブランカはスペイン語で「白い家」を意味する言葉で、スペインやモロッコの土地の名前にもつけられている。そういえば、アメリカ映画でも、「カサブランカ」という名前の映画があった。

カサブランカは一九七〇年代にアメリカの育種家によって作りだされ、オランダの育種家の手によって品種となった。そして、今や世界の人々に愛されている。

この異国情緒漂う名を持つカサブランカも、日本のユリが元となって作られた。カサブランカは、日本の山野に自生するヤマユリとタモトユリの交配によって作られた品種である。カサブランカは「ユリの女王」と言われているが、その元になったヤマユリは「ユリの王」とも言われている。

どういうわけか、自生するユリの王よりも、品種改良されたユリの女王の方が豪華で立派なのである。いや、むしろ、王より女王の方が立派なのは世の常なのだろうか。

# 極楽に咲き太古の形を残す不思議な花

ハス（ハス科）

ハスは花が咲くときに「ポンと音がなる」と言われている。本当だろうか。

科学的には、ハスの花が咲くときに音が鳴ることはないとされている。音が聞こえるのは、蓮田の泥から出てくる泡がはじける音や、ハスの葉の上にたまった水に、葉から出る気泡が音を立てるのではないかと説明されている。それが、科学的な説明だ。

しかし、確かに聞いたという人も大勢いるし、「ハスの音を聴く会」も各地で開催されている。かの正岡子規の俳句にも、「朝風に　ぱくりぱくりと　蓮開く」という句もあるくらいだ。

科学が発達した二十一世紀であっても、まだまだわからないことが多いものだ。ハ

スの花は誰でも知っているのに、ハスの花の音が本当に鳴るのかどうかさえ、真相はわからないのである。

ハスの花は、お寺の池によく植えられているイメージがある。

ハスは古くから、神聖な存在とされ、特に仏教では大切にされてきた。誰も見てきたわけではないだろうが、何でも、極楽浄土にはハスの花が咲いているという。

ハスは仏教とゆかりの深い花である。

たとえば、仏像が座っている蓮華座と呼ばれるものも、ハスの花の形をした台座である。

あるいは、仏さまはハスの花の上に座っているのだ。

「蓮は泥より出でて泥に染まらず」と言われる。ハスは汚れた泥の中から茎を伸ばして美しい花を咲かせる。この姿は、善と悪や清浄と不浄が混在する人間社会の中に悟りの道を求める菩薩道にたとえられたのである。

しかし、泥から生える花は何もハスだけではない。湿地に生える植物はいくらでもある。それなのに、どうしてハスだけが特別扱いされるのだろう。

ハスの花を見ていると、その答えは自ずとわかるような気がする。

何しろハスの花は、この世のものとは思えない透き通るような美しさを持っている。まさに極楽浄土に咲くにふさわしい気品が漂っているのだ。この不思議で高貴な雰囲気から、ハスの花は尊ばれてきたのだろう。

## ハスの花とコガネムシの関係

よくよく見ると、確かにハスの花は不思議な花である。

それには理由がある。

ハスは化石として発見されるほど古くからある植物である。そのため、ハスの花には古代の植物の特徴が随所に見られるのだ。

ハスの花は花びらの数が多く、雄しべと雌しべもやたらに多くて、ごちゃごちゃしている。これは、古い植物に見られる特徴である。植物は進化の過程で、花びらや雄しべと雌しべの数を整理して減らしていった。そのため、新しいタイプの植物はバランスの良い花の構造をしているのである。

仏様の座る台座になるのもうなずけるほど、ハスは花の上が、平らになっている。

これには、理由がある。

植物は古くは風で花粉を運んでいたが、恐竜が繁栄する頃になると、昆虫が花粉を運ぶようになった。このとき、最初に植物の花粉を運んだのが、コガネムシの仲間である。コガネムシの仲間は不器用で、花にドスンと着地すると、のそのそと動き回る。

そのため、ハスの花は、不器用なコガネムシの仲間が動きやすいように花の上が平らになっているのである。

やがて、器用に飛び回って蜜を集めるハチやアブなどが進化すると、花々は、さまざまな形に進化していった。しかし、ハスは頑なに古い時代のコガネムシの仲間との約束を守って、平らな台座があるのである。

また、ハスの花は雌しべがずんぐりしていて、無秩序に離れて並んでいる。これも、花の形が整理されていない古代植物の特徴である。

ただ、これはハスにとっては、好都合だった。ずんぐりとした雌しべは、実と間違えられて、ハスは花が咲くと同時に実を生じると珍しがられたのである。そして、原因と結果は常に一致するものであり、原因が生じたと同時に結果がそこに生じるという仏法の「因果倶時《いんがぐじ》」のたとえに用いられたのだ。

いかに不思議なハスの花といえど、花が咲くと同時に実を結ぶことはできない。しかし、花が咲き終えると、この雌しべの一つ一つが実になる。これが、ハスの実である。

西洋では、このハスの実を食べると、この世の憂いをすべて忘れると言い伝えられている。仏教国だけでなく、世界中で神秘的な植物だとされていたのだ。

このハスの実が落ちると、その跡にはたくさんの穴が残る。この無数の穴が空いたようすがハチの巣に似ているので、ハチスと呼ばれた。このハチスがハスの名の語源である。

古人は、古代の特徴を残すハスの花に壮大な世界観をイメージした。

仏教では宇宙の中心である毘盧遮那《びるしゃな》如来が座るハスの花には千枚の花びらがあって一枚一枚に大釈迦がおり、その花びら一枚には百億の仏の世界があって、小釈迦が一人ずついるとされている。この繰り返し構造はいくつもの星が集まって銀河を作り、銀河が集まって銀河団を作るとされる現代天文学の宇宙像とよく似ている。

本当にハスというのは、不思議な植物である。どこまで科学が進めば、ハスの不思議に迫れることだろう。

# 暑さにも乾燥にも強いタフな花

## ポーチュラカ（スベリヒユ科）

ポーチュラカは、別名をハナスベリヒユと言う。ハナスベリヒユは、花の美しいスベリヒユという意味である。スベリヒユは、夏の畑や空き地などによく見られる雑草である。

園芸種のポーチュラカは雑草のスベリヒユを元に改良されたと考えられているのである。

ポーチュラカの元になったスベリヒユは、夏の間、繁茂し、小さな黄色い花を咲かせる。

じつはポーチュラカの出自ははっきりしていない。スベリヒユと園芸種のマツバボタンの雑種であるという説や、スベリヒユの栽培種であるタチスベリヒユの突然変異

で生まれたという説があるが、よくわからないというのが実際のところだ。しかし、花の美しさを除けば、雑草のスベリヒユとよく似た姿に見える。

ポーチュラカは、日本には一九八〇年代に持ち込まれ、国際花と緑の博覧会で紹介されて広まった。出自はわからないものの、雑草のスベリヒユに似たたくましさを持ちながら、花の美しいポーチュラカは、花壇苗として高い人気を誇っている。

ポーチュラカは高温乾燥に強いので、炎天下でも萎れることなく、生き生きとしている。そのため、園芸植物にとっては過酷な日本の花壇で、夏の暑さに負けることなく、美しい花を咲かせて私たちを楽しませてくれる。

ポーチュラカは暑さに強い秘密を持っている。じつは、ポーチュラカは、特別な光合成システムを持っているのだ。

植物の光合成は、水と二酸化炭素を材料として糖を生産する活動である。

ところが、気温が高かったり、乾燥した条件では問題が起こる。

二酸化炭素を取り込むために、葉の気孔を開くと、そこから体内にある貴重な水分が逃げ出してしまうのだ。

しかし、光合成を行うためには、気孔を開かないわけにはいかない。

そこで、ハナスベリヒユは、水分の蒸発の少ない夜間に気孔を開いて、二酸化炭素を取り込み、濃縮して貯めこんでおく。そして、昼間は気孔を閉じて、貯えた二酸化炭素を材料にして光合成を行なうのである。

この特別なシステムは、砂漠に暮らすサボテンとまったく同じしくみである。

この光合成システムによって、ハナスベリヒユは、日本の暑い夏の花壇で、ぐんぐん成長していくのだ。

さらに、ハナスベリヒユは、葉の表面を固い皮で包み、肉厚な葉の中に粘着物質を含んでいる。こうして、水分が逃げ出すのを防いでいるのである。

## ポーチュラカの意味は「小さな扉」

ところで、スベリヒユやポーチュラカの花には、面白い性質がある。

雑草のスベリヒユは花が小さいので、花が大きなポーチュラカの花で観察してみることにしよう。

ポーチュラカの花の中央部には、一本の雌しべに対して、十本から十二本の雄しべがある。この雄しべをペン先などでそっと触ってみると、雄しべが刺激された方向に一斉に曲がってくるのだ。

これは、花を訪れた昆虫に花粉をつけようとして寄ってくると考えられている。

植物は動かないイメージがあるが、目に見えるスピードで動くようすが観察できるのは面白い。面白がって何度も雄しべを刺激していると、そのうち疲れて動かなくなるところも、何とも好感が持てる。

花が終わった後も、観察する楽しみはある。

花が終わり、果実が熟すと、実が横にぱっかりと割れて、帽子を脱ぐかのように上半分がとれて種子が現れるのだ。このようすも何ともかわいらしい。ただ、品種によっては種子ができにくいものもある。

ポーチュラカは学名で、ポーチュラカ・オレラセアという。ポーチュラカはラテン語で「小さな扉」を意味している。これは、この実が開くようすを表しているのだ。また、ポーチュラカ・オレラセアのオレラセアは、「野菜として食べられる」という意味がある。たとえば、キャベツは学名を「ブラシカ・オレラセア」という。「オレラセア」は、野菜の学名によく使われる言葉だ。

じつは、ハナスベリヒユの原種のスベリヒユも学名を「ブラシカ・オレラセア」という。ポーチュラカの出自ははっきりしないので、ポーチュラカの学名もさまざまな説があるが、スベリヒユから改良されたと考えられていることから、スベリヒユとポーチュラカは同じ学名が用いられることが多いのだ。

しかし、雑草のスベリヒユが「野菜として食べられる」という学名を持つのも、奇妙である。

じつは、スベリヒユは昔は食用に利用されていた。

スベリヒユは「滑りひゆ」である。ヒユというのは、インド原産の野菜だが、スベリヒユはヒユの仲間ではなく、見た目には似ても似つかない。どうして、スベリヒユは「ひゆ」と名付けられたのだろうか。

じつは、スベリヒユは食べたときの味がヒユに似ていることからヒユと呼ばれるようになった。さらに、スベリヒユは粘着物質を含むので、食べるとぬめりがある。そのため、スベリヒユと名付けられたのである。

スベリヒユは今でもおいしい雑草として、野菜料理にはよく用いられる。

山形県では「ひょう」と呼ばれて、今でも食用に用いられている。「ひょう」は「ひゆ」が転訛《てんか》した言葉である。

乾燥に強く、引き抜いても、萎れないスベリヒユは、その生命力から縁起が良いとされ、正月の料理としても食べられてきた。

何ともおめでたい植物だったのである。

# ハチの刺激で雌しべが動く花

## トレニア（アゼナ科）

トレニアは別名を「夏すみれ」という。

夏から秋に掛けて、スミレのような花を次々に咲かせるので、そう呼ばれているのである。

ただし、トレニアはスミレの仲間ではない。スミレはスミレ科の仲間である。これに対して、トレニアの分類はかなりややこしい。以前はゴマノハグサ科に分類されていたが、オオバコ科に移された。ところが、その後、トレニアはアゼナ科ということになったのである。

さらにややこしいことに、アゼナ科は新しくできた科なので、日本語訳の呼び名が明確ではなく、アゼトウガラシ科ということもある。図鑑によって表記がまちまちな

のだ。いずれにしても、スミレとは違う仲間なのである。

トレニアは、丈夫で育てやすい。花の少ない夏の季節も次々に花を咲かせるし、その一方で日当たりの悪い日陰でもよく育つ。環境の変化に強い植物である。

トレニアと呼ばれる植物には四十種ほどあるが、一般に「トレニア」と呼ばれる園芸種は、トレニア・フルニエリという植物である。

## 雌しべが花粉を包み込む

ところで、トレニアは花が運動する植物として知られている。

トレニアは、雌しべの先が、口を開くように大きく二又に開いている。この雌しべの先をペン先などでそっと触れると、この口が閉じてくる。こうして花粉を包み込むようにキャッチするようになっているのである。植物というと動かないイメージがあるが、なかなか機敏な動きである。ぜひ試してみてほしい。

トレニアの花は、人が口を開いているように見えることから唇形花と呼ばれている。大きな下唇の花びらには、模様があり、ここが花粉を運ぶハチの着陸地となっている。そして、大きく開いた上唇の下へ花をもぐりこんでいくと、雄しべや雌しべが隠されている。ハチの体についた花粉は、別の花に運ばれると今度は雌しべの先について、雌しべにキャッチされる。こうしてトレニアは受粉をするのである。

この構造は、スミレ科のスミレやパンジーと同じである。

動物ではモルモットやマウスが実験動物として用いられるが、トレニアは、実験植物としてよく利用されている。

トレニアは、培養室の中の小さなビンの中などでも花を咲かせることができる。また、トレニアは遺伝情報の量が少ないので、遺伝子組み換えなどの実験が行いやすい。さらに、花の形もわかりやすく、さまざまな花色があるため、変化が見えやすいという特徴もある。そのため、数多くの実験に利用されている。なかには、プランクトンの発光タンパク質を導入した光るトレニアまであるというから、驚きである。

# 香りで虫を寄せつけない天然のカーテン

ゼラニウム（フウロソウ科）

エアカーテンと呼ばれるシステムがある。目に見えない空気の流れでカーテンのように外気を遮断し、ほこりや虫の侵入を防ぐのである。

ずいぶんと最新式のシステムだが、じつは古くからエアカーテンのような役割を担ってきた花がある。それがゼラニウムである。

ヨーロッパへ旅すると、古い町並みの建物の窓辺に鉢植えの花が飾られているのをよく見かける。そして、美しく飾られた窓辺によって、ヨーロッパの美しい町並みが作られているのである。

この飾られている花がゼラニウムである。ゼラニウムは、単に街を彩るために飾ら

れているわけではない。

ゼラニウムには香りがあり、虫が嫌がる。そのため、家の中に虫が入ってこないように、虫よけのために窓際に飾られたのである。また、ゼラニウムは、虫よけだけでなく、家を守る魔除けとしての役割も担っていた。こうして人の役に立っているせいか、ゼラニウムの花言葉は、「あなたがいて幸せ」である。

## ゼラニウム属とペラルゴニウム属

ゼラニウムはアフリカ原産の植物である。十七世紀にイギリスに伝えられ、ヨーロッパに広がった。

ゼラニウムは、ギリシア語でコウノトリを意味するゼラノスに由来している。これは、種子のさやがコウノトリのくちばしのように長いことから名付けられた。

もっとも、この植物は、現在のゼラニウムではない。じつは、もともとゼラニウムは、別の植物を指していた。たとえば、日本に自生する植物では、ゲンノショウコがゼラニウム属の植物である。ゲンノショウコは長く伸びたさやが種を飛ばして反り返ったようすが神輿《みこし》の屋根に見えることから、神輿草の別名がある。

これに対して、アフリカから次々に送られてきた新しい植物もまた、ゼラニウムという名前で、イギリスのキュー王立植物園に持ち込まれたのである。

その後、ゼラニウムは、ゼラニウム属と、ペラルゴニウム属に分けて整理された。もちろん、このとき、アフリカ原産の新しい植物はペラルゴニウム属に分類された。ところが、すでにゼラニウムとして広く親しまれていたことから、現在でもアフリカ原産のペラルゴニウム属の方が、一般に「ゼラニウム」と呼ばれている。

虫よけに使えるだけあって、ゼラニウム自身にも虫がつかない。乾燥地帯を原産地とするので、乾燥にも強く、初心者でも育てやすい。悪い虫がつかないように、年頃の娘さんのいるお宅のお父さんは、ぜひ育ててみたい花である。

# 世界初の麻酔手術に使われた花

チョウセンアサガオ（ナス科）

仏教では、おめでたい兆しとして天から四華《しけ》と呼ばれる四種類の花が降ってくると言われている。その四つの花が曼茶羅華《まんだらげ》、摩訶曼茶羅華《まかまんだらげ》、曼珠沙華《まんじゅしゃげ》、摩訶曼《まかまん》珠沙華《じゅしゃげ》である。

曼茶羅華は、白い花という意味である。一方、曼珠沙華は赤い花という意味である。摩訶というのは、「大きな」という意味である。つまり、白い花と、大きな白い花と、赤い花と大きな赤い花が降ってくるというのである。

曼茶羅華は、もともとマメ科のデイゴの花がモデルとも言われているが、現在、曼茶羅華の別名で呼ばれているのは、チョウセンアサガオである。

チョウセンアサガオは、その白く大きな花から「曼茶羅華」の名を手に入れたので

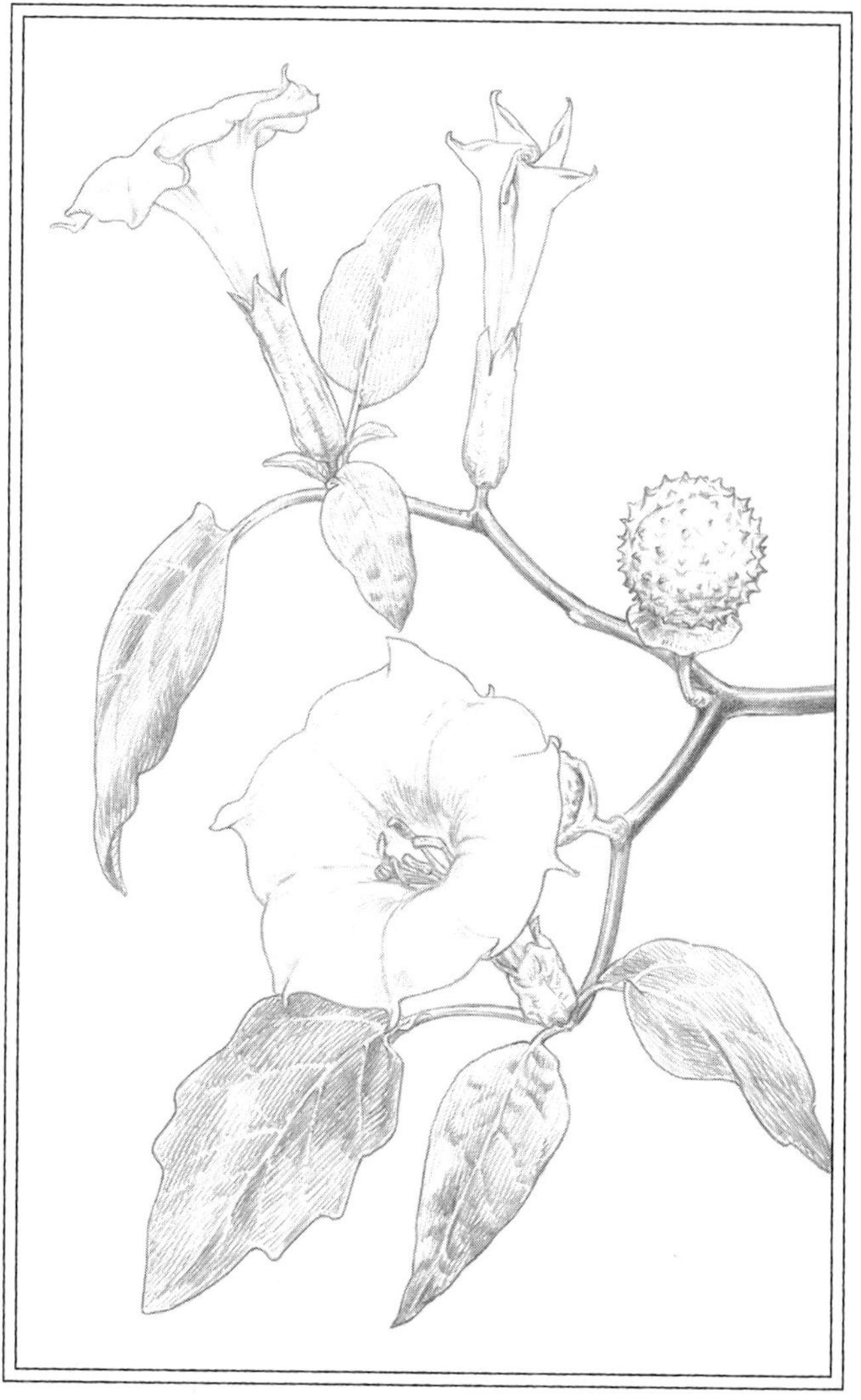

である。

ところが、曼荼羅華という高貴な名前を持つチョウセンアサガオの別名は「きちがいなすび」である。どうしてだろう。

チョウセンアサガオは、毒成分のアルカロイドを持つ有毒植物である。誤って口にすると神経が錯乱するため、「きちがいなすび」と呼ばれているのである。

有毒なチョウセンアサガオは、世界で毒草として扱われている。

北米インディアンの伝説によると、神々が集まっているようすを喋ってしまった子どもたちが、罰としてチョウセンアサガオに変えられてしまったという。そのため、チョウセンアサガオの種子を食べると、幻覚を見て、喋りつづけてしまうと言われている。

ところでチョウセンアサガオという名ではあるが、アサガオの仲間ではない。どちらかというと、「きちがいなすび」の方が正しく、チョウセンアサガオは、ナス科の植物である。ちなみに「チョウセン」と名付けられてはいるが、朝鮮原産ではなく、外国からやってきたという意味で「朝鮮」とつけられた。実際には、チョウセンアサガオは南アジア原産の熱帯植物である。

## 病害虫から身を守る毒成分

一般的にナス科の植物は、病害虫や動物の食害から、毒で身を守っているものが多い。

たとえば、タバコはナス科の作物である。タバコが持つニコチンも、本来は病害虫や動物の食害から身を守るための有毒な成分なのである。また、ナス科のトウガラシが持つ辛味成分カプサイシンも、もともとは病害虫から身を守るための毒成分だ。

私たちが食べるトマトやジャガイモもナス科の植物である。これらの植物は大丈夫なのだろうか。トマトは、果実は無毒だが、茎や葉はトマチンという毒がある。また、ジャガイモも食用にする芋は無毒だが、茎や葉にはソラニンという有毒な成分がある。ジャガイモの芋から出た芽を食べてはいけないというのは、ソラニンを含むためである。

ナスもまた微量ながら有毒なアルカロイドを持っている。しかし、毒と薬は紙一重と言われるように、ナスの微量なアルカロイドは、ガン細胞の増殖を抑えるなどの薬理作用があると言われている。

曼荼羅華と似た名前を持つナス科の植物に、ヨーロッパにはマンドレイクという毒草がある。マンドレイクは曼荼羅華とは無関係であるとされているが、あまりにも呼び名が似ている。もしかすると、「まんだらげ」という発音が、ヨーロッパに伝わったのかも知れない。

マンドレイクは根が人型をしていて、悲鳴を上げる植物と言われている奇怪な植物である。そしてその悲鳴を聞いたものは発狂して死んでしまうと言い伝えられている。映画「ハリー・ポッター」の中でも登場した植物である。ただし、マンドレイクは実在するナス科の植物である。

毒と薬は紙一重というが、マンドレイクは薬草として用いられていた。そのため、薬草を高値で売るために、そんな伝説が作られたとも言われている。

また、ヨーロッパの伝説によく登場するベラドンナもナス科の有毒植物である。ベラドンナは魔女が用いた薬草である。魔女はこのベラドンナの軟膏をほうきに塗って空を飛ぶと言われた。

もっとも、マンドレイクもベラドンナも、幻覚作用があると言われていて、悲鳴を上げたり、ほうきが空を飛ぶというのは、幻覚かも知れない。

植物の持つ毒は、人間の感覚を麻痺させる作用がある。

チョウセンアサガオが持つアルカロイドは副交感神経を麻痺させる作用がある。江戸時代の医者である華岡青洲は、このチョウセンアサガオを使って、世界発の麻酔手術に成功した。これは、アメリカでエーテル麻酔手術に成功する四十年以上も前のことであった。現在でもチョウセンアサガオの花は、日本麻酔科学会のシンボルマークとして用いられている。

# 日本の寒さになじんで愛される南米の花

ペチュニア
（ナス科）

ペチュニアの名前は、ブラジル先住民の言葉で「たばこ」を意味する「ペチュン」に由来している。

「たばこ」はタバコという植物の葉から作られる。タバコもナス科の植物である。しかし、タバコの学名は、ペチュニア属ではなく、ニコチニア属である。ニコチニアは、どこかで聞いたような言葉だと思ったら、タバコの成分がニコチンである。ニコチニアが持つ成分だからニコチンなのだ。

ペチュニアは、タバコとは属が違うが、発見された当初はタバコの仲間と考えられて、ペチュニアと名付けられた。実際にブラジル先住民たちは、タバコの葉とペチュニアの葉を混ぜて吸っていたという。

タバコの仲間と間違えられたというくらいだから、ペチュニアとタバコは花がよく似ている。タバコの花はピンク色でなかなか美しい。タバコと同じニコチニア属の中には、園芸用に用いられているハナタバコもある。

学名は、「ペチュニア・ハイブリダ」。ハイブリダは雑種を表す「ハイブリッド」という意味で、園芸種のペチュニアは、さまざまなペチュニア属の野生種の交雑によって作られた雑種であることを意味している。

## 日本はペチュニア大国

日本では、花の形を羽根つきの羽根に見立てて「ツクバネアサガオ（衝羽根朝顔）」と呼ばれている。ただし、アサガオがヒルガオ科のつる植物であるのに対して、ペチュニアはナス科なので、近縁ではない。

そういえば、同じナス科のチョウセンアサガオも、アサガオの仲間ではないのに「アサガオ」と呼ばれていた。ナス科は、花びらがくっついている合弁花なので、アサガオに似て見えるのかも知れない。

熱帯原産で、日本の気候にはなかなかなじまなかった。ペチュニアは原産地の南米では多年草であるが、寒さに弱いため、日本では一年草と同じように冬に枯れてしまう。しかし、種苗会社が、品種改良に乗り出し、日本の気候に合った品種が次々と作出した。今や、日本は多くのペチュニア品種を誇るペチュニア大国でもある。

それにしても、ペチュニアという名前、どこかで聞いたと思ったら、ハリー・ポッターにいじわるをする育ての親である伯母の名前がペチュニア・ダーズリーである。ちなみにペチュニアの妹であるハリー・ポッターのお母さんの名はリリーと言う。つまりはユリの花だ。姉妹で花の名前がつけられているのである。

ペチュニア伯母さんは、ハリーにとっては疎ましい存在だったに違いない。とても、心の安まるときはなかったはずである。しかし、皮肉なことにペチュニアの花言葉は、「あなたといると心が休まる」である。

もっとも、この花言葉は、ペチュニアの花がタバコの花に似ていることから、タバコを吸っているときのイメージでつけられたという。

ペチュニアはタバコとは別の植物である。それなのに、これだけどこまでも、タバコと間違えられてしまうと、ペチュニアの内心は穏やかではないはずである。おそらく心が休まることなどないことだろう。

# 江戸時代の武士がハマった変わり咲き

アサガオ（ヒルガオ科）

アサガオは成長が早い。

小学生の観察日記では、種を播けば、ぐんぐんとつるを伸ばして、夏休みの頃には二階に届くほど成長する。これだけ成長が早いので、子どもたちの観察には適しているのである。

アサガオの成長が早いのは、アサガオがつる植物だからである。

植物は自分の茎で立つために、茎を丈夫にしなければならない。ところが、つるで伸びる植物は、支柱や他の植物に巻きついたり、寄り掛かったりしながら伸びるので、自分で立つほど茎を丈夫にする必要がない。そのため、その分だけ茎を長く伸ばすことができるのである。

アサガオはヒルガオ科の植物である。同じヒルガオ科の野菜にはサツマイモがある。そういえば、サツマイモもつるで伸びるし、葉もアサガオに似ている。サツマイモはめったに花を咲かせないが、サツマイモが花を咲かせるとアサガオによく似ている。アサガオとサツマイモはともに、イポメア属の植物である。イポメアは「芋虫に似ている」という意味だ。他の植物にからみながら這い上がっていくようすが、芋虫にたとえられたのだ。

アサガオは漢字では、朝顔である。これは朝咲くことから名付けられた名前である。英語ではモーニンググローリーという。これは「朝の栄光」という意味である。

朝の顔に対して、同じヒルガオ科の仲間の雑草にはヒルガオ（昼顔）がある。ヒルガオも主に朝に咲くが昼まで花が咲いていることからヒルガオと名付けられた。また夜に咲くヨルガオ（夜顔）もある。ちなみに夕方咲くユウガオ（夕顔）は、ヒルガオ科ではなく、干ぴょうの材料となるウリ科の植物である。

### 武士たちの持つ別の顔

アサガオは、奈良時代に遣唐使によって日本にもたらされた。もともとは薬用植物として中国から日本に伝わったものだ。アサガオは、種子に下剤や利尿剤としての効果がある。そのため、薬として用いられていたのである。

アサガオは、漢名では「牽牛花《けんぎゅうか》」という。

「牽牛」と言う言葉は、七夕の彦星を思い出す。まさか牽牛と織姫に子どもがいたのだろうか。「牽牛」というのは、牛を引くという意味である。アサガオの種子は牽牛子《けんごし》という薬になる。アサガオは、牛を引いていって交換するほど、価値のある薬草だったことから、「牽牛」と呼ばれたのである。

しかし、日本ではアサガオは、園芸植物として花開いた。

ときは江戸時代、文化文政の頃、尾張でアサガオの鉢栽培が流行し、やがて江戸や上方でもアサガオが流行した。

江戸の下級武士たちは、珍しいアサガオの品種改良を内職にするようになり、「変わり朝顔」と呼ばれる奇妙な形をした品種が次々に作出された。変わり朝顔は、花が細かく割けていたり、花が異常に丸まっていたり、キキョウの花のようなものや、ボタンの花のようなものなど、色も形も奇妙な、現在のアサガオとは似ても似つかないようなものばかりである。

江戸時代に作出された変わり朝顔は千種類にも及ぶという。中には黄色いアサガオもあったというから、驚きである。残念ながら、変わり朝顔は、現在では多くが失われてしまった。これらのアサガオは、現在の品種改良技術やバイオテクノロジーを駆使しても、再現が難しいとされている。江戸時代の下級武士たちは、偉大な植物学者であり、高度な園芸技術者だったのである。

それだけではない。

江戸時代の下級武士たちは、偉大な遺伝学者でもあった。

奇形のアサガオの変異は劣性の遺伝子によって引き起こされる。しかし、メンデルの法則で明らかになったように劣性遺伝子と優性遺伝子を掛け合わせると、優性遺伝子の形質が現れてしまい、劣性遺伝子の形質は見られなくなってしまう。

つまり、劣性遺伝子の形質を利用しようとすれば、劣性遺伝子と劣性遺伝子どうしを掛け合わさなければならないのである。

変わり朝顔は、このような劣性遺伝子の掛け合わせを繰り返すというじつに繊細な作業によって、はじめて可能になる。次々と奇形アサガオを作り出す高度な品種改良が、偶然起こっているとはとても思えない。ということは、アサガオの品種改良を行っていた下級武士たちはメンデルの法則を理解して、品種改良を行っていたとしか思えないのである。

メンデルによって遺伝の法則が報告されたのは、一八六五年のことである。一方、江戸でアサガオが流行したのは、文政年間（一八一八〜一八三〇年）のことだから、何と、メンデルの法則よりも早いのだ。江戸の下級武士たちは、メンデルよりも早く遺伝の法則を見出していたのだからすごい。

武士は食わねど高楊枝。下級武士と馬鹿にすることなかれである。

江戸時代の下級武士たちは、偉大な遺伝学者だったのだ。

# キリストに見立てられた受難の花

トケイソウ
（トケイソウ科）

トケイソウは「時計草」である。

この花の形はずいぶん、奇妙である。花の形が時計に似ていることから、そう呼ばれているのである。

確かにトケイソウの花を見てみると、花びらが文字盤で、雄しべや雌しべが時計の針のように見える。

一方、トケイソウは英語ではパッションフラワーという。また、トケイソウは学名を「パッシフロラ」と言うが、これもパッションフラワーと同じ意味である。

それでは、「パッションの花」とは、どういう意味なのだろうか。

一般的に、「パッション」は情熱という意味である。奇妙で派手な花は、情熱の花

にふさわしい感じもするが、パッションフラワーは情熱の花ではない。

パッションフラワーは「受難の花」という意味である。もともとパッションはキリストの受難を表す言葉なのである。

十六世紀に布教のために南米を訪れた宣教師らは、この花を見て、これこそがまさにキリストの受難を表す花であると驚いた。彼らはそこにキリストの姿を見たのである。

宣教師たちの見立てによれば、パッションフラワーは、花の子房柱が十字架、三つに分裂した雄しべが釘、五枚の花びらと五枚のがくを合わせて十人の使徒を表し、巻きひげがムチ、葉は槍であるという。十六世紀の人々の感覚は計り知れないが、いずれにしても、キリストの受難に見立てるのはこじつけが過ぎるようにも思える。やはり時計に見立てるくらいが無理はないだろうか。

それにしても、トケイソウの花は見れば見るほど、不思議な形をしている。とても自然に創りだされたものとは思えない。この花を見て、宣教師らが、神の成せる奇跡と感じたとしたら、それはわかるような気がする。

## 天敵から身を守る巧妙な手口

この不思議な花の形にも、もちろん意味がある。

時計の針のように、十字架のような雌しべや、釘のような雄しべが高い位置にあるのは、花にやってきた昆虫の背中に花粉をつけ、昆虫の背中についた花粉を雌しべに受粉するためである。背中に花粉をつければ、昆虫の足が届かないので、花粉が振り払われることはない。そのため、巧妙なしくみで昆虫の背中に花粉をつけようとしているのだ。ただし、ミツバチでは小さすぎて、背中に花粉はつかない。大きなクマバチがやってきて、トケイソウの花の中を動き回ると、背中に花粉がつくしくみになっている。

おそらく、原産地の南米でも、大きなハチがトケイソウの花粉を運ぶ役割を担っているのだろう。

ちなみにパッションフラワーには、いくつか種類があるが、実が食べられる種類が、トロピカルフルーツの一つであるパッションフルーツである。ちなみにパッションフルーツは日本語では、「果物時計草」と呼ばれる。

ところで、トケイソウの害虫にはドクチョウがいる。ドクチョウは「毒蝶」という意味で名付けられた。

ドクチョウの幼虫の芋虫はトケイソウの葉を食べてしまう。

トケイソウの仲間は、青酸配糖体やアルカロイドなどの毒成分で身を守っている。ところが、ドクチョウの幼虫はこの毒をもろともせずに、トケイソウの葉を食べてしまうのである。

そればかりではない。ドクチョウの幼虫は、トケイソウの毒が平気どころか、あろうことか、その毒を自らの体内に取り込んでしまうのである。さらにドクチョウはやり手である。ドクチョウはトケイソウから奪い取ったその毒で、今度は天敵である鳥から自身の身を守るのである。ドクチョウの名前の由来ともなった「毒」は、トケイソウから奪い取ったものなのである。トケイソウからすれば、ずいぶんとひどい話だ。

もちろん、トケイソウの方もやられっぱなしではない。

毒が効かないのであればと、別の作戦を編み出した。

トケイソウの仲間の一部では、葉や葉の付け根に黄色い突起を持つものがある。じつは、これはドクチョウの卵を模しているのである。

ドクチョウは、同じところにたくさん卵を産むと、幼虫どうしが餌を巡って争ってしまうから、すでに卵があるところに卵を産むのを避ける性質がある。そのため、トケイソウは、すでに卵が産みつけられているように見せかけて、ドクチョウが卵を産むのを防いでいるのである。

何という激しいドクチョウとの攻防。これこそまさにトケイソウにとって受難というべきだろう。

# たった一年で三メートルになる不思議

## ヒマワリ（キク科）

ヒマワリは「日回り」である。花が、太陽の動きを追うように回ることから名付けられた。

ヒマワリは、世界中で太陽の花と呼ばれている。たとえば、英語ではサンフラワーという。サンは英語で太陽という意味だ。ドイツ語では、ゾンネンブルーメと呼ばれているが、これも「太陽の花」という意味である。また、フランス語のトォルヌソルも「太陽の方を向く」という意味である。漢字では「向日葵」と書く。これも「日の方を向く」という意味である。

世界中の人々が、ヒマワリを見て「太陽」を連想しているのだ。

ヒマワリは北アメリカの草原が原産地である。中南米にで発達したインカ帝国は太

陽を信仰していた。そのため、インカの人々は太陽によく似た花を持ち込み、ヒマワリを太陽神の象徴として大切にしていたのである。

その後、コロンブスが新大陸を発見した以降は、ヒマワリは「インディアンの太陽の花」としてヨーロッパに紹介されたのである。

ヒマワリは太陽の方を向くと言われている。そう、信じられている。

しかし、本当にそうだろうか。世界の人々が信じているように、ヒマワリは、本当に太陽の動きを追うのだろうか。

ヒマワリの花を見ると、確かに南を向いて咲いているものが多い。しかし、朝には東を向き、太陽の動きを追って、夕方に西を向いているかというと、そうでもない。

じつはヒマワリの花は、咲いてしまえば、太陽を追いかけることはない。しかし、花が咲く前のつぼみの時期には、太陽を追いかけて茎の先端を動かす。その名のとおり、「日回り」なのである。

もっとも、成長途中に陽の光を求めて、茎の先端や葉を動かすのは、何もヒマワリだけではない。どんな植物も、同じである。ただ、いかにも太陽を連想させるヒマワリの黄金の花は、「太陽を向く花」にふさわしいとされたのだろう。また、ヒマワリは植物が大きく、観察しやすいことから、太陽を追いかけて運動するようすが目に留まったのかも知れない。

それにしても、世界中の人たちが、「太陽の花」と名付けたり、「太陽の方を向く」と言っていたのは、それだけヒマワリを観察していたということだ。時計に追われ、仕事に追われている現代人は、とてもヒマワリや太陽の動きに気がつかないだろう。私たち現代人は、昔の人たちよりもずっと色々なことを知っていると思っている。ずっと豊かな暮らしをしていると信じている。

しかし、私たちはヒマワリの動きに気がつくことさえないし、ヒマワリを眺めている時間さえない。本当は何も知らないのだ。

私たちの社会は、日々「成長する」ことを目指して忙しい。それでは、「成長する」とはどういうことなのだろう。

たまには、ヒマワリでも眺めながら、その成長ぶりを観察してみてはどうだろうか。

何しろ、ヒマワリの成長戦略は、際だって優れているのだ。

## 大きく育つ理由

ヒマワリは三メートルもの大きさに成長する。植物の中には、大きく成長するものが多いが、それらの植物は、何年も掛かって木になる植物である。ところが、ヒマワりは春に芽を出してから、わずか数ヶ月で花を咲かせる一年草である。短い期間で小さな種から、三メートルもの大きさに育つのだから、驚きである。

どうして、そんなに成長が早いのだろうか。その秘密の一つは、小さな種の中にある。

ふつうの植物は、種子の中に、植物の芽生えになる胚と呼ばれる部分と、芽生えのエネルギーになる胚乳と呼ばれる部分とがある。

たとえば、イネの種子である米を見ると、玄米にある胚芽と呼ばれる部分が、植物の胚であり、白米の部分が胚乳である。

ところが、ヒマワリには、胚乳と呼ばれる部分がない。それなのに、どのようにして発芽のエネルギーを得ているのだろうか。

じつは、ヒマワリの種子の中には、胚乳の代わりに双葉がぎっしり詰まっている。そして、じつはこの双葉の中に発芽のためのエネルギーを蓄えているのである。つまり、双葉がエネルギータンクとなっているのだ。

小さな種子の中に胚乳を用意しようとすれば、どうしても芽生えは小さくなってしまう。しかし、エネルギータンクを内蔵することで、限られた種子の中のスペースを有効に活用し、体を大きくすることができるのである。

少しでも大きく成長しようと思えば、スタートの芽生えを大きくすることが大切である。そのため、胚乳をなくして、胚の大きな種子を作っているのである。このような胚乳のない種子は無胚乳種子と呼ばれている。ただし、無胚乳種子は、ヒマワリだけに限らず、キク科の植物に共通した特徴である。

ヒマワリの種子の工夫はこれにとどまらない。

ヒマワリの種子からは、油が搾られる。ヒマワリの種子は脂質を多量に含んでいるのである。イネの種である米の栄養素は炭水化物である。つまり、炭水化物を発芽のエネルギーとして蓄積しているのである。これに対して、ヒマワリは脂質を発芽のエネルギーとしている。脂質は炭水化物にくらべて、エネルギーの量が大きい。それだけ、速やかに芽生えることができるのである。

早く、大きく成長するためには、それなりの準備と工夫があるということなのだ。

## ハート形の葉を武器に生きる花

### タチアオイ
（アオイ科）

アオイは、漢字で「葵」と書く。この字は古くはアオイ科の野菜であるフユアオイを指した。「葵」の字の草かんむりの下の部分は、四方に葉の出た手裏剣のような武器を表し、それが転じて回転するイメージを表している。フユアオイは、太陽の動きに合わせて葉を動かすことから、この字になったのである。また、「アオイ」という呼び名も、太陽を仰ぎ見る「仰日《あふひ》」に由来するとも言われている。

タチアオイは、中国から伝えられたため、平安時代には「唐葵」と呼ばれていたが、江戸時代になると、タチアオイは茎を高く伸ばして花を咲かせるので、「立葵」と名付けられた。

もともとタチアオイは薬草として日本に伝えられたものである。タチアオイの属名

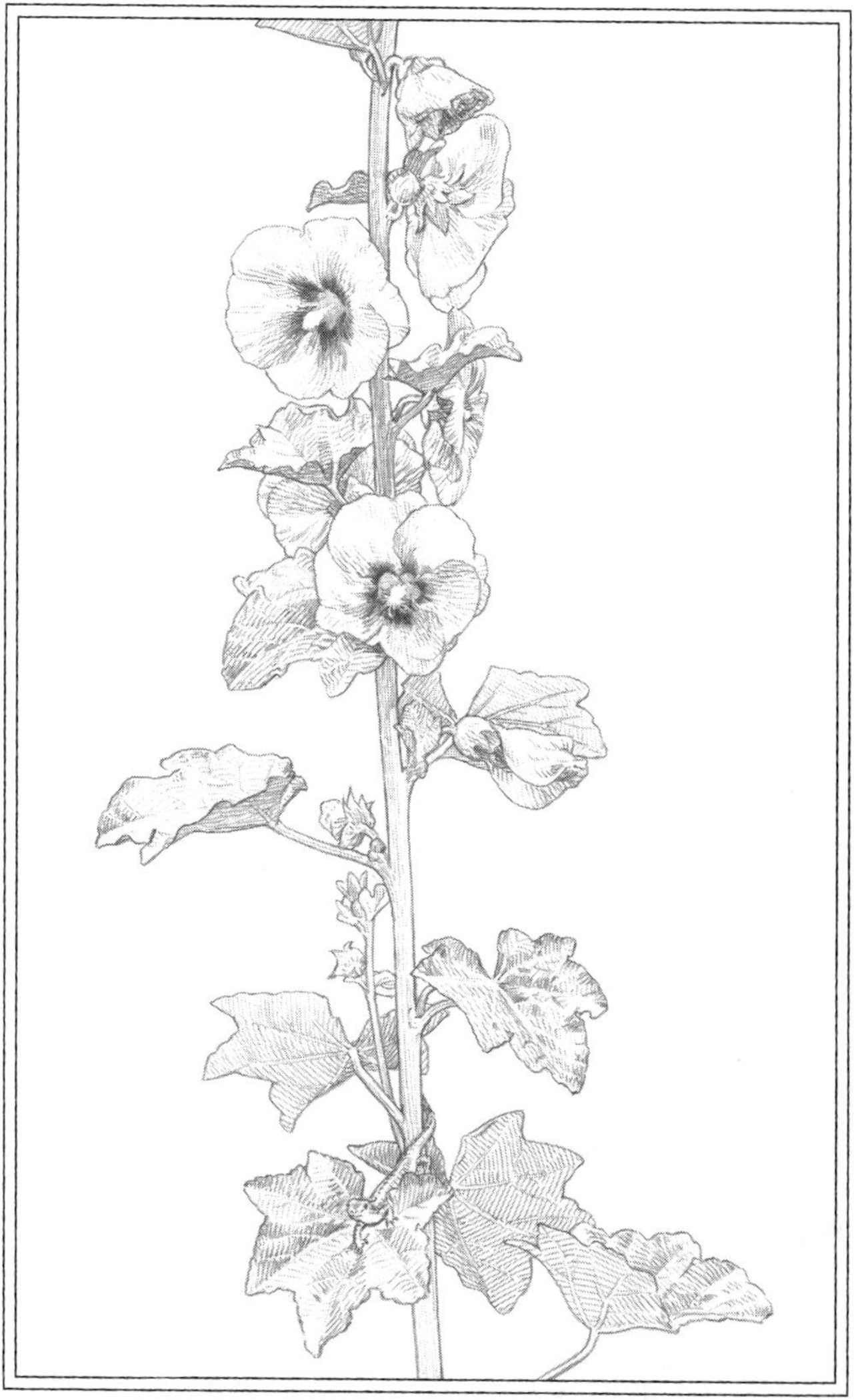

Althaea（アルテア）は、ギリシャ語の「althaino（治療）」に由来している。美しい花に目を奪われがちだが、タチアオイは薬草なのである。

「葵」という漢字は、もともと、フユアオイを指す言葉だったが、やがて平安時代以降になるとウマノスズクサ科のフタバアオイを指すようになった。フタバアオイは、アオイ科ではないが、フユアオイとよく似たハート形の葉の形をしていることから、「葵」と呼ばれるようになったのである。このフタバアオイが、徳川家の家紋である「三つ葉葵」のモチーフとなった植物である。

## ハート形は機能的な形

現在では「葵」というと、タチアオイを指すことが多い。これらの植物に共通しているのは、植物の葉がハート形をしていることにある。タチアオイの葉は、いくつかに割けてはいるが、ハート形をしている。

植物の中にはハート形の葉を持つものが多い。じつは、ハート形の葉の形は、機能的なのである。

植物が、光を受けて光合成を行う上では、葉の面積が広いほど有利である。しかし、あまりに葉が大きいと、葉柄が葉を支えることができない。そこで、葉の中心付近に柄をつければ、葉柄は重心バランスを保ちながら大きな葉を支えることができる。そのため、ハート形にすれば、それだけ葉を大きくすることができるのである。

また、ハート形の葉は付け根の部分がえぐれているので、葉に受けた雨水や夜露が、葉柄を伝わって茎の根元に落ちてくる。そのため、水分を効率良く利用することができるのである。こうした利点があるので、さまざまな植物がハート形の葉を採用しているのである。

ちなみに、ミズアオイ科のミズアオイは、葵の葉に似た水草であることから、「水葵」と名付けられた。また、ワサビは漢字では「山葵」と書く。これも、ワサビの葉がアオイと同じようにハート形をしていることに由来しているのだ

# メキシコ原産の太陽に恋した少女の花

## マリーゴールド（キク科）

マリーゴールドは別名を「太陽の花嫁」という。

昔、太陽神に恋をした少女カルタは毎日、恋い焦がれて太陽を眺めているうちに、ついに魂が太陽に吸い込まれていった。そして、彼女がいた場所に咲いた花がマリーゴールドだという。

その名のとおり、鮮やかなゴールド色をしたマリーゴールドは、まさに太陽がよく似合う気がする。

マリーゴールドと呼ばれる園芸種には、実際には二種類がある。一つはアフリカン系であり、もう一つがフレンチ系である。

マリーゴールドはメキシコ原産で、コロンブスの新大陸発見以降に世界に紹介され

た植物である。つまり、アフリカン系もフレンチ系も、由来は同じだからアフリカやヨーロッパが原産というわけではない。しかし、アフリカ北部に帰化した系統が改良されて、アフリカン・マリーゴールドとなり、フランスに導入された系統がフレンチ・マリーゴールドと呼ばれるようになったのだ。

アフリカン・マリーゴールドは、日本語では千寿菊と呼ばれている。アフリカン系は花が大きく、背が高いのが特徴である。一方、フレンチ・マリーゴールドは、日本語では孔雀草と呼ばれる。フレンチ系は花が小さく、背が低く、横に広がって成長するのが特徴である。

## じつは頼りになる花

マリーゴールドのマリーは欧米では女性の名前によく使われる名前である。マリーはもともと聖母マリアのことである。そのため、この名前は好まれるのである。つまりマリーゴールドは「マリアの黄金の花」という意味なのである。マリーゴールドは開花期間が長いので、一年に何度もある聖母マリアの祭日にいつも飾られた。そのため、この名がつけられたのである。

マリーゴールドには、花言葉は多い。ただ、中でも黄色いマリーゴールドには、

「下品な心」というかわいらしい花には似つかわしくない花言葉が与えられている。黄色は、キリストを裏切ったユダが着ていた衣の色である。そのため、黄色は忌み嫌われているのだ。しかし、黄色と橙色が混ざって咲いていると、太陽の花嫁らしい明るさである。

ところで、マリーゴールドには、意外な一面がある。

じつはマリーゴールドは花を楽しむために花壇に植えられるだけでなく、トマトやナス、ダイコンなどといっしょに、野菜畑に植えられることもある。じつは、マリーゴールドは根から出る成分が、作物に害を与えるセンチュウを防ぐ効果があるとされていて、センチュウ防除のために植えられているのである。マリーゴールドは独特のにおいもあり、虫もつきにくい。

「女は弱し、されど母は強し」。聖母マリアの名を持つマリーゴールドは、ただかわいらしいだけの花ではないのだ。

# 宮沢賢治が愛した「小さな鐘」

カンパニュラ（キキョウ科）

宮沢賢治の小説「銀河鉄道の夜」には、ジョバンニという孤独な少年とその友人で人気者の優等生であるカムパネルラという少年が登場する。

この二人の名前は、キリスト教の聖職者の名前に由来していると言われている。

ところが、「銀河鉄道の夜」には、「つりがねそう」という植物が登場する。「つりがねそう」という名前の植物はないが、「釣鐘草《つりがねそう》」という別名を持つ植物はキキョウ科ホタルブクロ属にいくつかある。ホタルブクロ属は、ラテン語ではカンパニュラ属という。そして、カンパニュラはイタリア語では「カンパネルラ」となるのである。

ラテン語のカンパニュラは「小さな鐘」という意味である。カンパニュラ属の植物は、鐘の形をした花を咲かせることから、そう呼ばれている。そして、イタリア語の

カンパネルラは、これらの植物を呼ぶ総称として使われているのだ。

宮澤賢治は「つりがねそう」を好んでいたらしく、賢治の童話には「つりがねそう」の名前がたびたび登場する。もしかすると、「銀河鉄道の夜」のカムパネルラは、「つりがねそう」の学名に由来するのかも知れない。

## 「銀河鉄道の夜」のつりがねそう

「つりがねそう」と呼ばれている植物には、カンパニュラ属のホタルブクロがある。ホタルブクロは、つりがね状の花の中にホタルを入れて光らせて遊んだことに由来していると言われている。また、カンパニュラ属ではないが、カンパニュラ属と同じキキョウ科には、つりがねの形をした小さな花を持つツリガネニンジンと呼ばれる野草もある。ツリガネニンジンは根っこが、チョウセンニンジンに似ていることからニンジンと名付けられた。

あるいは、園芸種で「つりがねそう」の別名を持つのが、カンパニュラ・メディウムである。カンパニュラ・メディウムは南ヨーロッパの原産で、日本語では「つりがねそう」のほかに「ふうりんそう」という別名もある。いずれにしても愛らしい名前の花である。

それでは「銀河鉄道の夜」に登場する「つりがねそう」は、どの植物なのだろうか。「銀河鉄道の夜」の童話は、ケンタウルス祭の夜の出来事である。ただし、ケンタウルス祭は賢治が考えた架空の祭りなので、いつの祭りなのかはわからない。「銀河鉄道の夜」は、まだ秋になる前の暑さが残る季節であることが描写されていることや、夏の星座が見えていることから、八月の終わりくらいではないかと推察されている。

ホタルブクロは花の季節が六月の初夏である。園芸種のカンパニュラは春に花を咲かせる。そして、ツリガネニンジンが咲くのは八月の終わりである。つまり、「銀河鉄道の夜」の「つりがねそう」はツリガネニンジンだと考えられるのだ。

一方、園芸種のカンパニュラには、ヨーロッパの伝説がある。神のリンゴ園の番をしていたカンパニューラは美しい娘であった。ある日、リンゴを盗もうと盗賊が侵入した。娘は首の銀の鈴を振って、盗賊が来たことを知らせようとしたが、盗賊に殺されてしまった。花の女神フローラは、娘の死を悲しみ、彼女の亡がらを花の姿に変えた。それが、カンパニュラであるという。

美しくも悲しい物語がよく似合う。カンパニュラは、そんな花である。

# ピンクの語源になった花

ダイアンサス
（ナデシコ科）

二〇一一年のワールドカップで優勝し、世界一の称号を手にした日本女子サッカー代表。女子サッカーのナショナルチームの愛称は「なでしこジャパン」である。

気品ある清楚な美しさを持つ日本女性を「大和なでしこ」と呼ぶ。日本女性のやわらかくも芯のある強さがナデシコにたとえられたのだ。

ナデシコは漢字で「撫子」と書く。美しく愛らしい花が、かわいい愛児にたとえられ、撫で撫でする「撫でし子」と呼ばれたのである。

ナデシコは古くから日本にあったが、平安時代になると中国からナデシコの仲間が持ち込まれた。そして、日本にもともとあったナデシコは日本のナデシコという意味

で「大和なでしこ」と呼ばれるようになり、中国のナデシコは「唐なでしこ」と呼ばれるようになったのである。大和なでしこは、現在では「カワラナデシコ」と呼ばれるようになり、唐なでしこは「セキチク」と呼ばれている。

## 夏の終わりに咲くけれど

カワラナデシコは、秋の七草の一つにも数えられている。

「萩の花　尾花　葛花　なでしこの花　女郎花　また藤袴　あさがおの花」

山上憶良の歌で知られる秋の七草は、実際には秋には咲かない。これらの植物が咲くのは、八月の終わりから九月に掛けての夏の終わりである。暦の上では八月上旬の立秋が秋の始まりである。そのため、八月に咲く花は秋の花になるのである。

秋の七草に伝われている植物は、現在の名前では、萩の花はヤマハギ、尾花はススキ、葛花はクズ、なでしこの花はカワラナデシコ、女郎花はオミナエシ、藤袴はフジバカマである。あさがおの花は、現在のアサガオではなく、キキョウのことであると考えられている。

カワラナデシコはダイアンサス属の植物である。ダイアンサス属は、さまざまな園芸種があり、総称として「ダイアンサス」の名前で売られている。カーネーションもダイアンサス属の園芸植物である。

ダイアンサスはローマの最高神の「ディオスの花」という意味である。その美しさから神の花と呼ばれるほど高貴な花なのである。

一方、ダイアンサスは別名をピンクという。ピンク色だからピンクというのかと思えば、そうではない。じつは、オレンジ色が柑橘のオレンジの色を意味しているように、ダイアンサスの色だからピンク色と呼ばれるようになった。つまり、この花こそが、ピンク色の語源なのである。

# 中国でも重用される草木の中の君子

キク（キク科）

年中行事に五節句という五つの節句がある。たとえば、三月三日は桃の節句、五月五日は端午の節句、七月七日は七夕の節句である。

このように節句は三、五、七などの奇数が重なった日になっている。ただし、一月一日は元旦なので、一月の節句は一月七日の人日《じんじつ》の節句となる。また、この日は七草の節句とも呼ばれていて、春の七草を摘んで七草粥を食べる。

そして、九月九日は重陽の節句である。重陽の節句は「菊の節句」とも呼ばれている。

中国では昔から奇数は縁起の良い数字とされてきた。そのため、奇数が重なる日は、

めでたい日として節句になったのである。重陽の節句は「陽が重なる」と書く。一から九の奇数の中でもっとも大きい数なので、重陽の節句は節句の中でももっともめでたい日なのである。ただし、節句は、とても縁起が良い日だが、その日が最高ということは、次の日からは、良くない方へと転じていくということになる。そのため、節句には薬草で厄払いを行った。

人日の節句には、七草粥を食べる。また、桃の節句には、昔は桃の種を煎じた杏仁《きようにん》湯《とう》という薬湯を飲んだ。そして、端午の節句には、菖蒲の根を煎じた薬湯を飲む。また、七夕の節句には、昔はほおずきの根を煎じた薬湯を飲んだ。そして、九月九日の重陽の節句にはキクの花を飾り、キクの花を浮かべた酒を飲んだのである。

ところが、重陽の節句は今ではほとんど行われていない。

明治時代になると、暦がそれまで使われていた旧暦から新暦に切り替わってしまった。旧暦と新暦とでは、およそ二十日~五十日程度のずれがある。そのため、新暦の九月九日には、まだキクが咲いていないのである。キクが咲くのは、旧暦の九月、つまり現在の暦では十月になる。

桃の節句も桃の花は咲かないが、桃の花がなくても雛人形がある。また、端午の節句はショウブがなくても鯉のぼりや五月人形がある。ところが、重陽の節句はキクの花を飾り、キクの花びらを浮かべた酒を飲むというキクが主役の行事なので、キクの花がないと行うことができない。そのため、重陽の節句はすたれてしまったのである。

## 中国では草木の中の君子

ただし、現在ではキクの花は一年中、出回るようになった。

キクの花は、日が短くなると季節を感じて花を咲かせる短日植物である。

そのため、日が長い夏の間は、一定時間を黒い布などで覆って日が当たる時間を短くする。こうして花が咲くように誘導するのである。

逆に日が短い冬は、茎が伸びる前に花が咲いてしまうことになる。そこで日が短くならないように電気をつけて茎を伸ばし、花を咲かせたい時期に電気を消して育てる。これが電照栽培と呼ばれるものである。

キクは奈良時代に中国から日本に伝えられたとされているが、その由来は謎に包まれている。

現在の栽培ギクは、古い時代に中国でチョウセンノギクとハイシマカンギクという野生のキクの交配によって作られたと考えられているが、はっきりしたことはわかっていないのだ。

古来、中国では、蘭、竹、菊、梅の四つの植物は、その気品のある美しさから、草木の中の君子とされていた。そして、キクは不老長寿の妙薬として珍重されたのである。中国から縁起の良い花として伝えられたキクは、日本でもさまざまに利用された。菊花展のようにキクを楽しむ催しは平安時代から行われていたとされている。また、江戸時代になるとさまざまな品種が育成され、菊人形のような細工も作られた。

現在でも、皇室の紋章は菊の紋だし、私たちが使う日本のパスポートにも菊の紋章が使われている。今では、キクはまさに日本の象徴のような存在なのである。

しかし、キクは縁起が良いとされているのに、なぜか仏花として用いられる。これは、どうしてなのだろうか。

じつは、キクが仏花として利用されるようになったのは、そう古いことではない。かつては葬送行列が行われ、墓にはさまざまな野の花が供えられた。そもそも、キクは秋にしか咲かないので、キクを仏花として常に供えることはできなかったのだ。

ところが、戦後になると、キクが年中栽培されるようになった。そして葬送行列が行われなくなり、祭壇を設けてキクを飾るようになったのである。一説には、墓にキクを飾るのは戦後に、西洋から持ち込まれた風習とも言われている。

しかし、キクが仏花として利用される、もっとも大きな理由は、花の日持ちが良いことにある。キクは、切り花にして水につけておくだけでも二〜三週間以上も花が持つ。そして急な葬式に準備できる花としてキクは重宝されたのである。

今ではすっかり仏花として定着してしまった。しかし、最近ではかわいらしいスプレーギクやポットマムも人気である。こんなに気品のある美しい花を仏様のものだけにしておくのももったいない。ぜひ、現世にいるうちから楽しみたいものである。

## 人類が初めて出会った雑草

### アザミ（キク科）

アザミは嫌われ者である。

神の教えに背いて、禁断の果実を食べたアダムとイブは、エデンの園を追い出され、イバラやアザミの生えた中から、果実を見分けて食べなければならなくなったという。

アザミは私たち人類にとって、初めて出会った雑草でもあるのである。

日本語の「アザミ」の名は、「あざむ」に由来するといわれている。あざむには「興ざめする」という意味がある。美しい花だと思って触れると、トゲがあって驚かされる。つまりは、「あざむかれた」ということなのだ。アザミは漢字で「薊」と書くが、草冠に魚（骨）と刀を書き記した字も、アザミのトゲをよく表している。

ヨーロッパでは牧草地などによく生えるが、トゲがあるので、牛や馬もアザミを食べることはない。そのため、アザミだけが食い残されて、雑草として広がっていく。何ともやっかいな雑草である。

ところが不思議なことに、スコットランドでは、アザミは国花として愛されている。昔、スコットランドがノルウェーの大軍に攻められたとき、夜襲を掛けようとしたノルウェー軍の兵隊がアザミを踏んで悲鳴を上げたため、奇襲に気がついたスコットランド軍は大勝を収めることができた。そして、それ以降、スコットランドの人々を悩ませていたノルウェー軍の侵攻はなくなったという。こうしてアザミは国を救った花とされ、スコットランドの国花や紋章となったのである。

## チョウに花粉がつくしくみ

ところで、アザミの花を注意して観察すると、面白い動きを見ることができる。アザミの花をそっと指で刺激すると、雄しべの先から、白い花粉が噴き出してくるのである。

アザミの仲間は筒状の小さな花が集まって、一つの花を形作っている。アザミの花にやってくるのはチョウである。チョウは人間には人気があるが、植物にとっては、蜜泥棒として知られる存在である。何しろ、チョウは足が長く、ストローのような長い口を伸ばして蜜を吸う。そのため、蜜を吸われるだけで、チョウの体に花粉をつけることが簡単ではないのである。

しかし、魅力もある。チョウは飛翔能力が高く、長い距離を飛ぶことができるから、チョウの体に花粉をつけることができれば、遠くまで花粉を運ばせることができるのである。

そこでアザミは、チョウの体に花粉をつけて受粉できるように、筒状の花から長い雄しべや雌しべを針のように突き出している。こうして、チョウがアザミの花に止まった時に、雄しべや雌しべの先がチョウの体に触れるようになっているのである。そして、チョウの体がアザミの雄しべに触れると、刺激された雄しべの先から、白い花粉を出して体に花粉をつけるのである。

蜜を盗み飲もうとして花粉をつけられたチョウはどう思うだろう。まさにアザミにあざむかれたと思うことだろう。

# 可憐なように見えてたくましい花

## コスモス（キク科）

コスモスとは、ずいぶんと大げさな名前である。何しろコスモスは宇宙を表す言葉である。「コスモス」という言葉は、もともと「秩序」や「調和」を意味する言葉が語源である。そのことから、やがて、宇宙を意味するようになったのである。

コスモスはメキシコの高原が原産地の植物である。そして、スペインに送られたときに、コスモスの花は、秩序正しく調和のとれた美しさを持つとされて、「コスモス」と呼ばれるようになったのである。

コスモスの花は、中央に花の芯の部分があり、外側に八枚の花びらがある。確かにバランスが取れていて、均整の取れた花の形である。

コスモスはキク科の植物である。キク科の植物の花は、一つの花のように見えるが、実際には、たくさんの花が集まって咲いている。花びらのように見えるのは、一つ一つが花である。小さな花には一枚の花びらがあり、花びらの根元に雄しべと雌しべがあるのである。この花は、花びらを舌に見立てて舌状花と呼ばれている。

一方、花の中心部分も、小さな花が集まっている。芯の部分の花には花びらがない。この花びらは雄しべが集まって管のようになっていて、その中心に雌しべがある。この花は、管のような構造をしているので、管状花と呼ばれている。

管状花は花粉の受け渡しをして、生殖を行うための花である。これに対して、舌状花は種をつけることはできない。花びらを作り、花を目立たせる役割に特化しているのである。こうして、キク科の植物の花は、舌状花と管状花が役割分担をしているのである。

## 日本の秋に似合う花

このように、キク科の花は舌状花と管状花の役割分担を基本としているが、どちらか一方しかない花もある。たとえば、キク科の中でも、タンポポは舌状花だけで花を構成しているし、逆にアザミやハハコグサなどは、色づかせた管状花のみで花を作っている。

それにくらべると、コスモスは舌状花と管状花のバランスが良い。花びらの枚数も少なくて、まさにデザインされた花である。花のマークのロゴや、幼児たちが初めて描く花の形は、コスモスに似ているのではないだろうか。

日本語では「秋桜」という名前でも人気である。自己主張しすぎない淡いピンク色で、サクラの花にも似た花は、まさに日本人好みである。秋風に揺れているその姿は、メキシコ原産とは思えないほど、日本の秋の風景になじんでいる。

しかし、コスモスはけっして奥ゆかしい花ではない。丈夫で繁殖力も強いので雑草化して生えているのもよく見かける。じつは強い花でもあるのである。

# 歴史上、暗躍した毒草の中の毒草

## トリカブト（キンポウゲ科）

美しい花には毒がある。

この言葉はトリカブトのためにあるのだろう。

トリカブトの花は美しいが、猛毒の毒草である。トリカブトの毒の主な成分は、アコニチンやメスアコニチンなどのアルカロイドである。この毒は、フグのテトロドトキシンに次ぐ猛毒で、トリカブトは植物界では最強の有毒植物と言えるだろう。

トリカブトの毒は、古くから、毒矢として利用されていた。一説には弥生時代にはすでに狩りのためにトリカブトの毒が使われていたと言われている。また、アイヌがクマを射るための毒矢としても用いられていた。

歴史を紐解くと、謎の急死を遂げた権力者も多い。今となっては、真相は明らかで

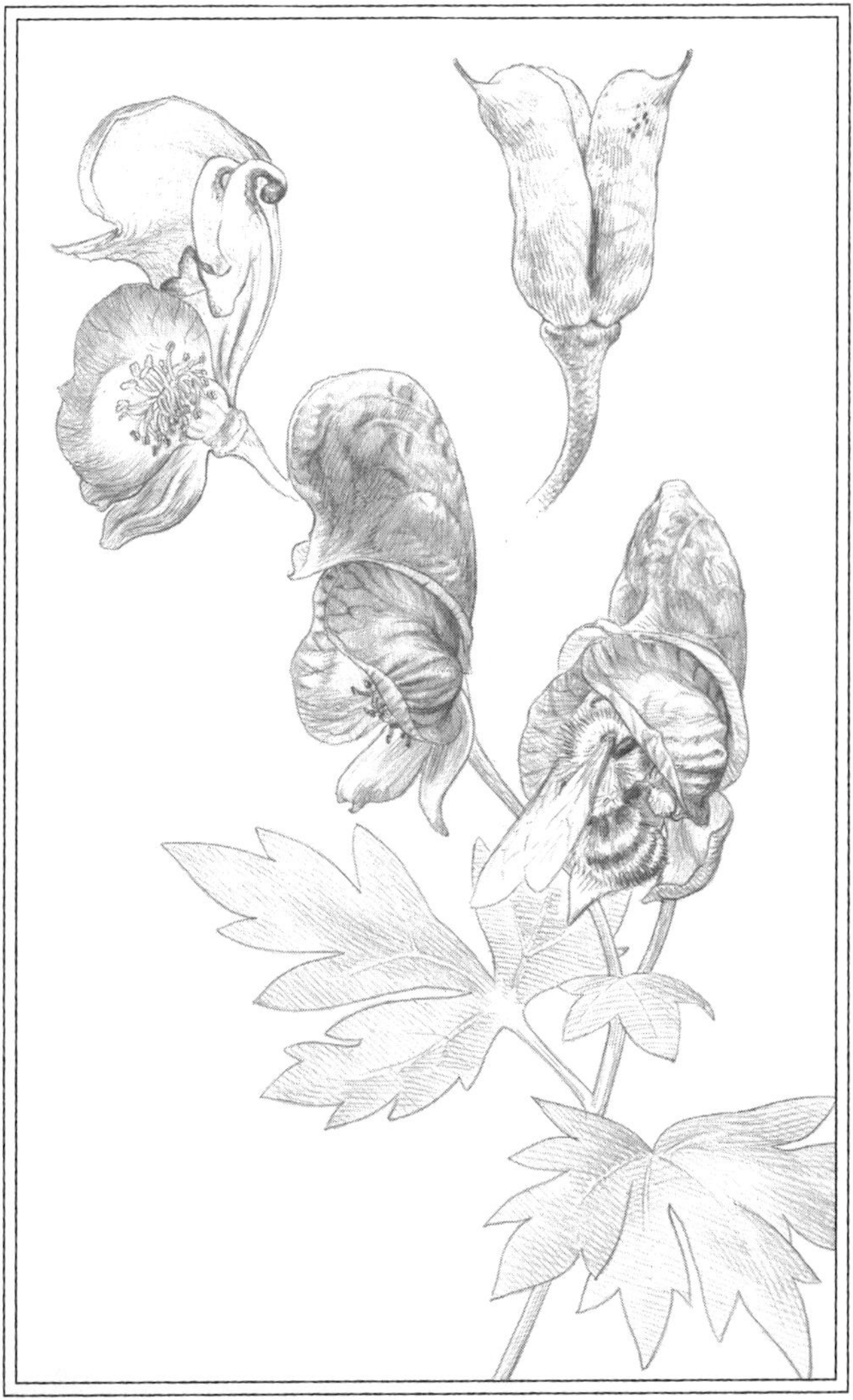

はないが、毒による暗殺も少なからずあったことだろう。トリカブトもかなり暗躍していたはずである。また、東海道四谷怪談でお岩さんが飲まされた毒もトリカブトである。さらに西洋では、トリカブトを食べると狼男になるという伝説もある。まさに毒草の中の毒草である。

俗に不美人な女性を「ブス」というが、ブスの語源となった植物こそが、トリカブトである。トリカブトは、誤って口にすると神経系の機能が麻痺して無表情になる。このトリカブトに苦しむ表情に由来して「ブス」と言われるようになったのである。

トリカブトの仲間は日本には三十種ほど自生している。花の色は紫色を中心に、白色、黄色、ピンク色などがあるが、いずれも美しいものばかりである。

現在、園芸用に栽培されているハナトリカブトは、江戸時代に中国から伝えられたものである。

**紫色はハチを誘う**

それにしても、トリカブトの花は、独特の形をしている。

トリカブトは「鳥兜」と書く。鳥兜とは、雅楽のときに使う鳥帽子のことである。トリカブトは花の形がこの鳥帽子に似ていることからそう名付けられたのだ。

この花びらのように見えるものは、じつはすべてが花びらではなく、がくである。トリカブトは五枚のがくで兜の形を作っているが、五枚のがくには、それぞれ役割がある。トリカブトの花粉を運ぶのはマルハナバチの仲間である。トリカブトの花の下側の二枚のがくはハチの着陸場所であり、その上の二枚のがくは左右に壁を作って、花の奥へといざなう通り道を作っているのである。

一番上の兜型のがくの中に二枚の花びらが隠されていて、蜜をためている。そして、トリカブトの花にマルハナバチが頭を突っ込むと、ちょうどお腹の位置に雄しべや雌しべが配置されていて受粉をするのである。

ハチ類は、紫色よりも波長の短い光をよく識別する。トリカブトの花が鮮やかな紫色をしているのも、マルハナバチに見つけられやすいためだ。トリカブトの美しくも複雑な形は、マルハナバチに花粉を運ばせるための手の込んだ装置だったのである。

# もともと香りのなかった内気な花

シクラメン（サクラソウ科）

ブタノマンジュウ（豚の饅頭）。これが、シクラメンの正しい和名である。シクラメンは地中海原産の植物である。明治時代に日本に紹介されたときに、球根が饅頭をつぶしたような形をしていることから、この名がつけられた。それにしても、この美しい花を前にして、地面の下の球根の方を見て名前をつけている命名センスは本当にすごい。

ヨーロッパでもシクラメンには「豚のパン」という別名がある。もしかすると、この別名の影響を受けたのかも知れない。ただし、豚のパンと呼ばれるのは、豚が好んでシクラメンの球根を食べ荒らすことに由来している。もっとも豚のパンとはいうが、大航海時代には、日持ちのする貴重な食糧として船に積み込まれていたという。

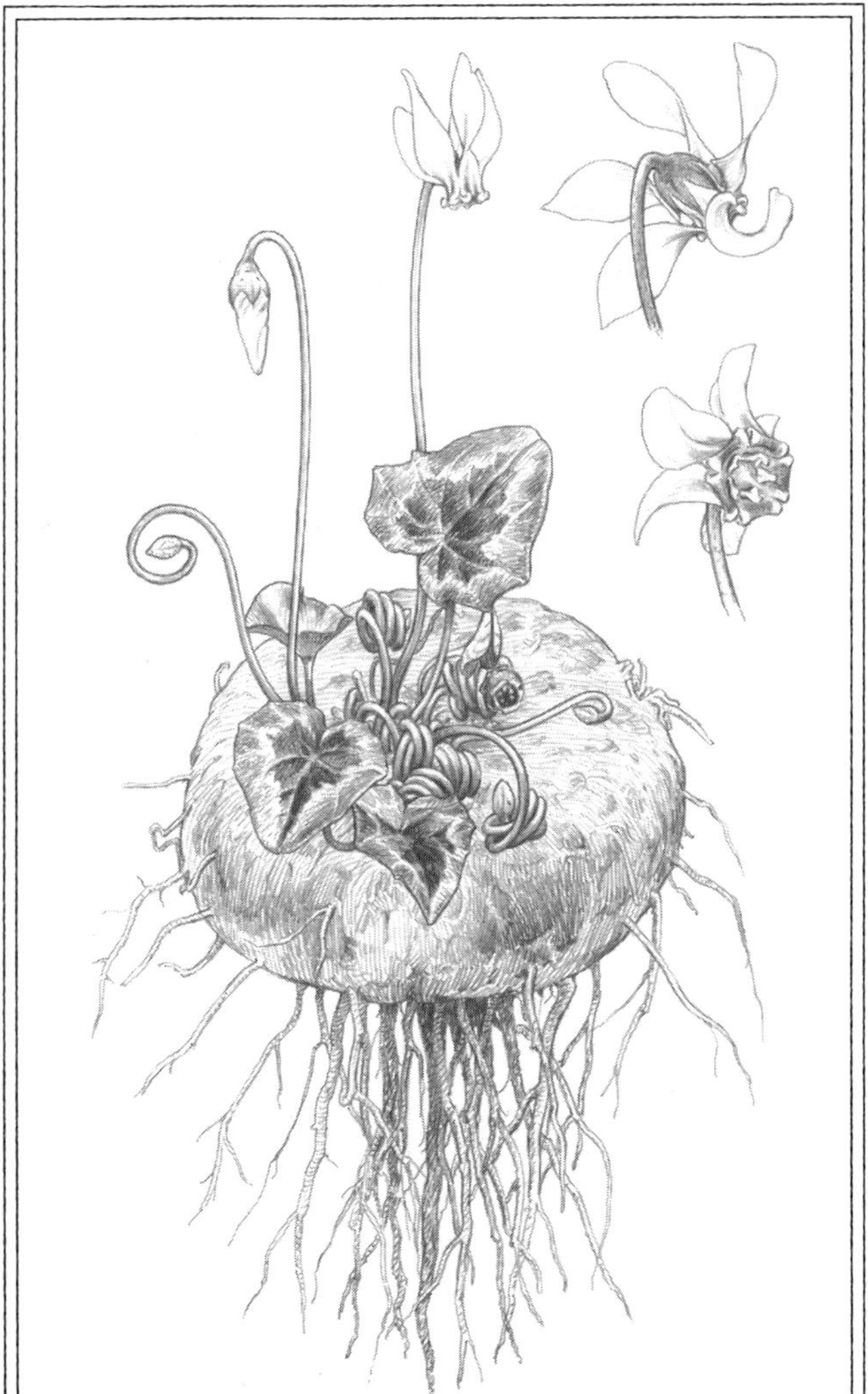

ブタノマンジュウの命名者は、東京大学の大久保三郎博士である。しかし、ブタノマンジュウではかわいそうと、植物学者の牧野富太郎博士は、花の形からカガリビバナ（かがり火花）と名付けた。そのため、シクラメンにはブタノマンジュウとカガリビバナの二つの和名がある。もっとも、今ではどちらの和名も使われず、もっぱら英名のシクラメンで通っている。

**ソロモン王の王冠の花**

シクラメンは、「死」や「苦」という言葉を連想させることから、不吉な名前とも言われるが、実際にはシクラメンは属名である。シクラメンの名はサイクルやサークルと同じ語源のラテン語で「円」や「回る」という意味である。この属名の由来は、花茎がゼンマイの様に丸まって出てくることに由来するという説と、球根が円盤のように丸いことに由来しているという説とがある。

うつむいた状態で伸びてくることから、花言葉は「内気」。イスラエルの王であるソロモン王が、王冠の装飾に使うことを承諾してくれたシクラメンを褒め称えたところ、シクラメンは恥ずかしさのあまりうつむいたと言われている。それから王の王冠は、シクラメンの形を象《かたど》ることになったという。

もともと食糧だったシクラメンの花に着目して、品種改良を始めたのはドイツである。そして、美しい花を求めて品種改良された結果、シクラメンの香りは次第に失われていった。

ところが、日本では、シクラメンの香りに着目した品種改良が行われている。日本では、布施明のヒット曲「シクラメンのかほり」（小椋佳作詞・作曲）で有名となった。ところが、実際には、シクラメンにはほとんど香りがない。そこで、日本では、香りのあるシクラメンが育成されているのである。

ヒット曲の影響というのは本当にすごいものである。

# 本当はクリスマスが似合わない植物

ポインセチア（トウダイグサ科）

ポインセチアは、人気の高い観葉植物である。しかし、ずいぶん気の毒な植物でもある。

ポインセチアは、クリスマスにふさわしい鉢物として十二月になると飾られるが、悲しいかな、本当は、クリスマスにはとても似合わない花なのである。

ポインセチアは別名を、クリスマスフラワーと言う。ポインセチアがクリスマスにふさわしいとされるのには、それなりの理由がある。

ポインセチアの緑色と赤色のコントラストが、クリスマスカラーと同じなので、いかにもクリスマスのシンボルのように思われているのだ。

ところが、これがとんでもない話である。

じつは、ポインセチアはメキシコのサバンナ原産の熱帯植物である。そのため、寒さにはからっきし弱いのだ。

それなのに、寒風吹きすさぶクリスマスに飾られるのだから、たまったものではない。もちろん、寒さに弱いポインセチアは、暖かな温室の中で育てられる。しかし、出荷された後は、温室育ちのポインセチアたちは、寒空の下に飾られてしまうのである。

ポインセチアは、もともとは薬草であった。メキシコの原住民たちは、ポインセチアの白い樹液から解毒剤を作っていたのである。

やがて、ヨーロッパから新大陸に人々が住むようになると、修道士たちは赤い色がキリストの血を表すとして、鮮やかな赤色をしたポインセチアがキリスト教にとって重要なクリスマスの日に飾られるようになったのである。

ポインセチアの名前は、アメリカ合衆国の初代行使で、アメリカにポインセチアを紹介したポインセットの名前に由来していると言われている。こうして、ポインセチアは、メキシコの薬草から、アメリカのクリスマスの花になったのだ。

## 花を目立たせる代わりにとった方法

「クリスマスフラワー（クリスマスの花）」とは言うものの、鮮やかな赤色をしている部分は、実際には花ではない。鮮やかな赤色をしているものは、花芽を保護するように葉が変化した苞葉と呼ばれる部分である。この苞葉が広がった中に見える黄緑色の小さな粒々が、ポインセチアの本当の花なのである。

ポインセチアの小さな花は、花びらもなく咲いても目立たない。人知れず咲いているが、赤い苞葉があまりに目立つので、誰も花には気が付かないのである。

植物は、昆虫を呼び寄せて受粉するために、花を目立たせる必要がある。多くの植物は、花びらで花を目立たせるが、ポインセチアは花びらではなく、苞葉で花を目立たせる方法を選んだのである。

これは、なかなか優れた方法である。

何しろ、これだけ大きな花びらをつけた花を作ることは大変である。しかし、苞葉は葉なので、無理なく大きく発達させることができる。しかも、花びらは時間が経つと色あせてしまうが、葉であれば、花が終わっても、いつまでも萎れることはない。こうして苞葉を目立たせて、その中に、小さな花を次々に咲かせるのである。

しかも、小さな花の一つ一つに花びらをつけるのはコストがかかる。が、大きな苞葉を色づかせて、その中で小さな花を次々に咲かせれば、リーズナブルである。ポインセチアはなかなか計算高いのだ。

ポインセチアは、葉を真っ赤に色づかせる。

そういえば、熱帯地域には赤い花が多い。

熱帯に赤い花が多いのは、昆虫ではなく、鳥を呼び寄せて花粉を運ばせる鳥媒花が多いためである。赤色は遠くからでも目立つ色である。そして、鳥は赤色をよく認識することができる。そのため、鳥に花粉を運ばせる花は、よく目立つ赤い色をしているのだ。

ポインセチアも赤い色で目立たせている。もしかするとポインセチアも、原産地では鳥が花粉を運んでいるのかもしれない。

赤い苞葉は、花ではないが、花芽を守るためのものなので、花芽がつかないと発達してこない。ポインセチアは冬になると花を咲かせる。これは、ポインセチアが夏至を過ぎて夜が長くなってくることを感じて花芽を分化する短日植物だからである。

自然の条件でも、クリスマスの頃には赤くなるが、早く出荷する農家では、それでは間に合わない。そのため、人工的に遮光をして、太陽の当たる時間を短くし、早く赤く色づくようにしている。こんな苦労の末にポインセチアは出荷されているのだが、その結果、寒空に置かれてしまうのだから、ポインセチアにとっては迷惑な話だ。

ポインセチアは、日本には明治時代に紹介された。

現在では、外国の言葉は、そのままカタカナで表記するが、明治の日本人は大したもので、外国から導入されたものにも、きちんと日本語の名前をつけていた。たとえば、ベースボールは、「野球」と名付けられ、オートモービルは「自動車」と訳された。

それでは、ポインセチアは何というのだろうか。

ポインセチアは、日本語では、「ショウジョウボク」という。じつは「標準和名」という図鑑での正式な名前は、ショウジョウボクが正しい。ショウジョウボクは漢字では「猩々木」と書く。

猩々は、赤ら顔をした猿のような姿をした妖怪である。ポインセチアの真っ赤な苞葉が、猩々の赤い顔にたとえられたのである。赤ら顔であることから転じて、酒好きや酒飲みも「猩々」と呼ばれる。

ポインセチアはクリスマスの花である。しかし、酒飲みの赤ら顔の花だと思えば、クリスマスが終わったからといって片づけなくても、猩々木は正月の飾りとしてもふさわしいと言えるだろう。

# 神聖でしたたかなパラサイト

ヤドリギ
（ビャクダン科）

映画「トイ・ストーリー」では、カウボーイ人形のウッディと、羊飼い少女の人形ボーがクリスマスにキスをする。その上で羊たちがくわえているのがヤドリギである。

また、映画「ハリー・ポッターと不死鳥の騎士団」でも、主人公のハリーと彼が憧れていたチョウがキスをするときに、部屋にヤドリギが現れる。

西洋では古くから、ヤドリギの下で出会った男女はキスをしても良いと言い伝えられていて、女性が好きな男性をヤドリギの下に誘う。そして、クリスマスの夜にヤドリギの下でキスをすると、幸せになれるという言い伝えがある。そのため、クリスマスのドラマチックなシーンにはヤドリギが欠かせないのである。

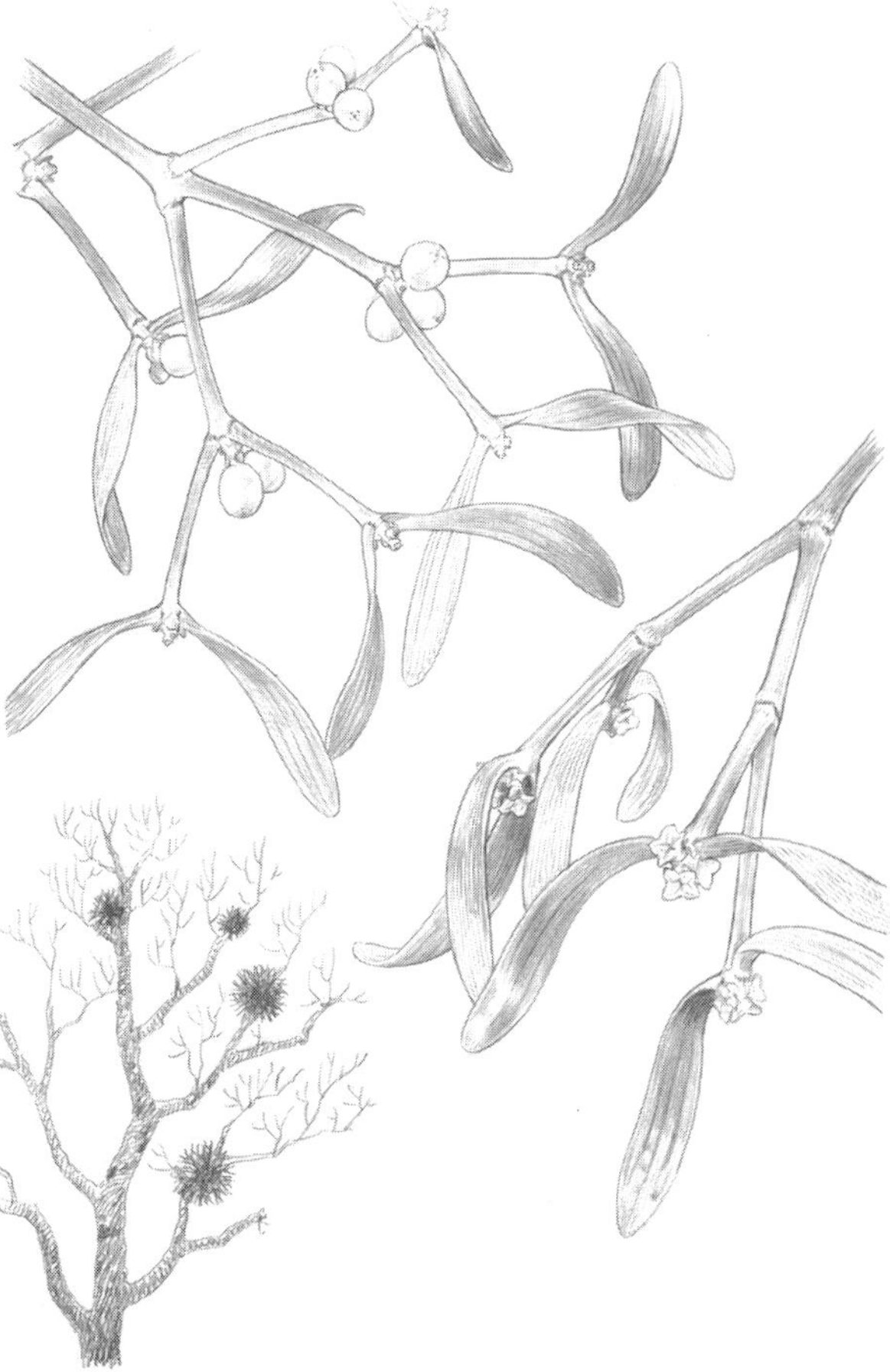

ヤドリギは古代から、神聖な植物であった。すっかり葉を落としてしまった木の上に、ヤドリギは緑の葉を保っている。そのため、ヤドリギは生命力のある聖なる木とされてきたのである。

ヤドリギは「宿り木」である。宿を借りるように、他の木の上に生えていることから、そう呼ばれているのだ。しかし、ヤドリギは、宿を借りているどころではない。くさびのような根っこを、他の植物の幹の中に食い込ませ、他の木から水や養分を吸い取っている寄生植物なのである。

ヤドリギが落葉樹に寄生し、木々が葉を落としている間も緑色の葉を保っているのは、木々が葉を落としている間に、光合成をして力を蓄えるためであるとも考えられている。じつにしたたかな植物である。

ヤドリギは春になると花を咲かせる。花は目立たないが、ヤドリギの花は蜜を含んでいて、昆虫を呼び寄せる。そして、受粉をして、秋になると実をつけるのである。

やってきた鳥がヤドリギの実を食べると、実といっしょに種子が鳥の体内に入る。そして、腸内を通り抜けて糞といっしょに体外に出されるのだ。鳥は飛び立つ前に、体を軽くするために糞をする。そのため、ヤドリギの種子は糞といっしょに、首尾よく木の枝に付着するのである。ヤドリギの種子は粘着力のある粘液に包まれているため、枝に付着しやすくなっている。そして根を生やして、ゆっくりと木の幹に根を食い込ませていくのである。

**死者を生き返らせる草**

ヤドリギの花言葉は「困難に打ち克つ」である。これはギリシャ神話が元となっている。

ミノス王の息子であるグラコウス王子は事故で死んでしまう。そして、ミノス王の命を受けて、占い師は王子の墓に閉じ込められて、王子を生き返らせなければならなくなってしまったのである。困り果てた占い師に、さらに困難が降りかかる。墓の中のヘビが襲い掛かってきたのである。何とかそのヘビを仕留めると、仲間のヘビが草をくわえて現れ、死んだヘビの体を草で擦った。すると死んだヘビは生き返ったのである。

そのようすを見ていた占い師は、ヘビが使った草で王子を生き返らせ、無事に墓から出してもらうことに成功したのである。この死者を生き返らせる草がヤドリギである。

この話から、「困難に打ち克つ」という花言葉が与えられているのである。

# 暖かなおもてなしでアブを誘う花

## フクジュソウ（キンポウゲ科）

フクジュソウは「福寿草」である。別名は「元旦草」。正月の寒い朝に、雪をかきわけて春の到来を思わせるような花を咲かせることから、めでたい植物とされたのだ。

しかし、実際にフクジュソウが花を咲かせるのは一月一日ではなく、二月になってからである。じつは、フクジュソウは旧暦の正月に花を咲かせるのである。

すでに紹介したように、明治時代になって旧暦の太陰暦から新暦の太陽暦へ切り替えられた。そして、かつての旧暦と現在の新暦とは、おおよそ二十日から五十日程度のずれがあるのである。

現在の一月一日は、新春や迎春というものの、まだ冬の真っ只中である。旧暦の一

月一日は現在の二月である。寒い中にも春の訪れが確実に近づいていることを感じられる季節である。そして、元旦草と呼ばれるフクジュソウも春に先駆けて花を咲かせるのである。

しかし、フクジュソウは私たちに春を感じさせるために、まだ寒いうちから咲くわけではない。フクジュソウにはフクジュソウなりの理由があるのである。

植物が美しく花を咲かせるのは、昆虫を呼び寄せて受粉を手伝わせるためである。暖かくなってから花を咲かせると、咲いている花が多いから、競争も激しくなる。一方、寒い時期に咲けば、昆虫の数は少ないものの、咲いている花も少ないから、昆虫を独占することができる。そこでフクジュソウは他の花に先駆けて、寒いうちから花を咲かせるのである。

フクジュソウが鮮やかな黄色い色をしているのにも理由がある。

まだ肌寒い二月には、まだ花粉を運んでくれるハチは活動していない。気温が低い時期から活動を始めるのは、主にアブの仲間である。アブはどちらかというと黄色い花を好む傾向がある。そのため、フクジュソウは春に黄色い花を咲かせるのである。

## フクジュソウには蜜がない

ところが、不思議なことがある。

植物は甘い蜜で昆虫を呼び寄せて、花粉を運んでもらう。それなのに、フクジュソウの花には蜜がないのである。じつは、フクジュソウは、意外な魅力でアブを惹きつけている。

衛星放送の受信機などに用いられる皿型の反射鏡を持つパラボラアンテナは、集めた電波を中央の受信機に集める構造になっている。じつはフクジュソウの花も、パラボラアンテナと同じ構造をしているのである。

パラボラアンテナのような、おわん型の花は花の中央部に光を集める。すると花の中心部は光が集まって暖かくなるのである。この暖かさに惹かれてアブたちが集まってくるのだ。フクジュソウの花の中心は外気温にくらべて十度も高くなるというからすごい。そして、花の中心には雄しべや雌しべが集まっていて、アブの体に花粉をつけるのである。

花が咲き終わると、小さな葉で光合成をして栄養分を地面の下にためる。そして、他の植物が生い茂る初夏の頃になると葉を枯らして地面の下で眠ってしまう。こうして、他の植物と争うことなく、フクジュソウは成功を収めているのである。

# あの野菜から生まれた鑑賞用の植物

## ハボタン（アブラナ科）

ハボタンは「葉ぼたん」である。つまり、花ではなく葉を観賞するものである。「ぼたん」というのは、ボタン科の「ボタンの花」である。ハボタンは、葉がボタンの花に似ていることから、ハボタンと呼ばれているのである。

昔は、美人を形容して「立てば芍薬、座れば牡丹、歩く姿は百合の花」と言った。ボタンは美人のたとえに使われるほど、美しい花なのである。

しかし、美人にたとえられるボタンだが、意外なことに漢字で書くと「牡丹」。つまり、牡《おす》の丹《あか》と書く。ボタンは赤い色が最高だが、種で増やすと赤以外の色が出てしまうので、種ではなく接ぎ木で増やした。そのため、種ができないオスとされたのである。

牡丹は高級な花である。高級食材で知られるボタンエビの名前は、体の色がボタンの花のように鮮やかな赤色をしていることに由来している。また、イノシシの肉は、ボタンの花のように美しく盛り付けることから、ぼたん肉と呼ばれるのである。

ハボタンの名も、この美しいボタンの花になぞらえて名付けられたのだ。

美しいボタンにたとえられたハボタンだが、じつはある野菜と同じ仲間である。それは何だろうか。

答えはキャベツである。ハボタンはキャベツと同じ仲間なのである。いや、「仲間である」という言い方は、正しくない。じつは、ハボタンはキャベツそのものなのである。

**観賞用になったキャベツ**

江戸時代初めのことである。オランダから日本にキャベツという植物が伝えられた。もっとも、当時、日本に伝えられたキャベツは、現在のもののように丸く玉になるものではなく、葉を巻かない非結球性のキャベツだった。しかし、当時の日本人は、キャベツを食べることにはあまり関心がなかった。その代わり、江戸時代の日本は、園芸が盛んで、さまざまな園芸植物が作られていた。

そして、西洋から伝えられたこの珍しい植物を、観賞用に改良したのがハボタンなのである。ハボタンは日本生まれの園芸植物なのだ。

やがて明治時代になるとハボタンは世界に紹介され、世界各国の花壇で栽培されるようになった。ハボタンは、英語では観賞用のキャベツという意味で「オーナメンタル キャベジ」と言われている。

こうしてキャベツを改良して作られたハボタンは、植物分類学的には、私たちが食べるキャベツとまったく同じである。たとえるのであれば、キャベツとハボタンとの関係は「イヌ」という種類の中にマルチーズやシバイヌなどの種類があるのと同じくらいの違いしかない。

生物の学名は一つの生物に対して一つつけられる。つまり、ハボタンとキャベツが同じ植物であるということは、学名が同じということになる。ハボタンとキャベツの学名は、ブラシカ・オレラセアである。

じつは、ブラシカ・オレラセアはすごい植物である。

ブラシカ・オレラセアはもともと青汁の原料となるケールのような植物である。このケールの葉を食べるように改良したものがキャベツである。そして、キャベツを改良してハボタンが作られた。

それだけではない。ブラシカ・オレラセアからはさまざまな野菜が作りだされた。蕾を食べるように改良したものが、ブロッコリーである。そして、ブロッコリーを改良してカリフラワーが作られた。さらに、葉の脇芽を食べるように改良したものが、メキャベツである。また、茎を食べるように改良したものが西洋野菜のコールラビである。

## 花が咲くと捨てられる

ブラシカ・オレラセアは、多くの野菜を含む野菜界の名門中の名門なのである。さまざまな形に改良されたブラシカ・オレラセアも、アブラナ科なので春になると菜の花のような花を咲かせる。

丸いキャベツも、春になれば葉を開いて茎を伸ばして、花を咲かせる。また、ブロッコリーも菜の花のような花を咲かせる。よく冷蔵庫の中などでブロッコリーが黄色くなることがあるが、あれは傷んでいるのではなく、つぼみが花を咲かせようと黄色く色づいてくるのだ。姿かたちはまったく違うこれらの野菜たちも、花が咲くと同じアブラナ科であることがよくわかる。

もちろんハボタンも、春になると茎を伸ばして花を咲かせる。花は植物にとってもっとも輝く時代である。そして、もっとも大切な時代である。花を咲かせ、種子を残すために、植物は葉を茂らせて、光合成をしてきたのだ。それはハボタンも同じである。よくよく見ればハボタンの花は、菜の花に似たかわいらしい花である。

しかしハボタンは、葉を楽しむために改良された宿命を持つ。そのため、ようやく春を迎えて花を咲かせる頃になると、もう見頃も終わりだと言われてしまう。そして花が咲く前に抜かれて捨てられてしまうのである。

めでたい植物だともてはやされて正月に飾られるが、本当は悲しい宿命を持つ植物なのである。

# 鳥を惹きつけるために先駆けて春に咲く

ツバキ
（ツバキ科）

椿《つばき》という字は木偏に春と書く。ちなみに木偏に夏と書くと榎《えのき》、木偏に秋と書けば楸《ひさぎ》、木偏に冬と書けば柊《ひいらぎ》となる。

ツバキは冬の花というイメージが強いが、「春の花」という意味を与えられているのである。昔の人の感覚では、立春を過ぎれば、季節は春である。ツバキは冬から春に掛けて花を咲かせるが、春を待つ季節に鮮やかな花を咲かせて、いち早く春の訪れを感じさせてくれる。そのため、「椿」という漢字が与えられたのだろう。

ツバキは寒い冬の間も枯れることなく、緑色の葉を維持している常緑樹である。マツやタケに代表されるように、冬の間も緑色の葉を保つ常緑樹は、不思議な力を持つ

とされてきた。ツバキも、古来から不思議な力を持つ神聖な木とされてきた。寺などによく植えられているのは、そのためである。

また、武家屋敷などでもツバキはよく植えられている。

そういえば、ツバキは花がポトリと落ちることから、首が落ちることを連想させて縁起が悪い花であると言われることもある。首が落ちるというのは、武士にとってはもっとも避けるべきことのように思えるが、武家屋敷に植えられているのは、どういうわけなのだろう。

じつは、ツバキの花が縁起が悪いと言われるようになったのは、近代になってからの話である。

武家屋敷でも、もともと冬の間も緑を保つツバキは神聖な植物とされてきた。そして、散るのではなく、花ごと落ちるツバキは武家社会でも「潔し」とされて好まれたのである。

**花全体がポトリと落ちるしくみ**

冬の間、緑の葉を保っているだけでなく、ツバキはまだ寒いうちに赤い花を咲かせる。この赤い花には意味がある。

信号機の止まれの信号が赤色をしているように、赤色は遠くからでも目立つ色である。ツバキは赤い色で花を目立たせているのである。

一般に植物の花は昆虫を呼び寄せて、花粉を運ばせるが、ツバキが咲く寒い時期に、花粉を運ぶ虫は少ない。

ツバキの花の花粉を運ぶのは、鳥である。ツバキは鳥を呼び寄せて、花粉を運ばせようとしているのである。虫を呼び寄せるのと違い、鳥を呼び寄せるためには、それなりに餌を用意しなければならない。そのため、ツバキの花はたくさんの蜜を持っている。そして、メジロやヒヨドリなどの鳥を呼び寄せて花粉を運ばせているのである。

鳥に花粉を運ばせるツバキが、寒い時期に花を咲かせるのにも理由がある。

暖かい季節に花を咲かせても、鳥たちは餌となる虫を取るのに忙しくて、とても花の蜜など吸いには来てくれない。そのため、鳥の餌となる虫の少ない時期に花を咲かせるのである。

しかし、鳥に花粉を運ばせるためには、さまざまな工夫が必要となる。

何しろ、昆虫と違って鳥は頭が良い。鳥の立場に立ってみれば、花粉にまみれることなく、蜜だけを吸ってやろうという気になる。そんな鳥と知恵くらべをして、何とか鳥に花粉をつけなければならないのである。

そのため、ツバキは、花の構造にも巧みな秘密がある。

雄しべは下半分がくっついて、丈夫な筒状になっている。この筒の奥に蜜が隠されているので、鳥が蜜を吸おうとくちばしを入れると、口のまわりに花粉が付くようになっているのである。

しかし、悪賢い鳥は、花の横をくちばしでつつけば、花粉で汚れることなく蜜を手に入れることができる。そこでツバキの花は、筒の根元をくちばしでつつかれて、蜜を横取りされないように、花の根元を丈夫ながくで守っているのだ。こうして、正面から筒の中にくちばしを入れないと、蜜を吸えないようになっているのである。

ツバキの花が散ることなく、花全体がポトリと落ちるのは、花をバラバラにされて蜜を奪われないように、がくを中心に、花びらや雄しべがしっかりとした構造をしているからなのである。

それでも、花が上向きに咲いていると、鳥たちが上からいろいろと花を攻撃してくるかもしれない。そのため、ツバキの花は下向きに咲いて、鳥たちにゆっくりと蜜を吸わせないようにしている。

しかし、下向きに咲いていると、蜜が流れ出てしまう。そのため、雄しべと雄しべの間に細い溝を作り、毛細管現象で蜜を保つように工夫されているという。

何という巧みな工夫の数々だろう。先駆けて春に咲くということは、そういうことなのだ。

# おわりに

二〇一一年三月、日本は未曽有の大震災に襲われた。津波の被害を受けて泥や瓦礫をかぶったカーネーションが、泥の中から芽吹いて花を咲かせたという。そのカーネーションの生命力にどれだけの人が勇気づけられたことだろう。

被災地では、多くの方々がヒマワリなどの花の種を播いていった。花の種はやがて芽吹き、大地を緑で覆い、そして、大輪の花を咲かせた。その花の明るさに元気づけられた地域も多かったことだろう。花にはそんな力がある。

それにしても、つくづく花は不思議な存在である。

そもそも、どうして人は花に惹かれるのか?

そして、どうして花には人間を癒したり、勇気付けたりする力があるのだろうか?

私たちは赤い果実を見ると、美味しそうだと思う。私たちの祖先であるサルは、かつては森で果実を餌にしていた。そして、赤い色こそが、果実が甘く熟したことを示すサインなのである。私たちが赤く熟した果実を見て、美味しそうと思うことには、意味がある。

しかし、私たちが赤い花を見て、美しいと感じることには、生物学的な意味はまったくない。私たちは花を食べるわけではないのだ。

私たちは作物や野菜を栽培する。そして、作物や野菜に改良を加えてきた。それは、作物や野菜が人間にとって重要な食糧だからである。しかし、人間が花を育てることは、人間が生きていく上でどうしても必要ということはない。

植物は、病原菌や害虫から身を守るために、さまざまな物質を生産している。それらの物質は私たちの体の中でも薬効を示す。古来、人間は、さまざまな植物を薬として利用してきた。しかし、人間が花を見て癒されることは、どう説明できるのだろうか?

植物たちは人間のために花を咲かせるわけではないし、人間は生きていくために花を必要としない。まったくの、すれ違いどおし。それでも、人間は花に惹かれ、花と共に暮らしてきた。生物学的に説明はできなくても、人間にとって花はなくてはならない存在だ。

火を使い、道具を使うことが、人間を他の生物と大きく隔てるという。しかし、「花を美しいと思い、花を愛する心」もまた、人間特有のものなのだ。

花はなぜ美しいのか。この謎が解けぬまま、人は花を愛し続けてきた。花というのは本当に不思議な存在である。そして花を愛する人間という生き物もまた、不思議ですばらしい存在に思える。

本書は、NHKラジオ深夜便の中で現在、著者がレギュラー出演中の「花の魅力 花のふしぎ」の内容を基としている。また、本書は、前著『身近な雑草の愉快な生きかた』『身近な野菜のなるほど観察録』（以上、ちくま文庫）、『残しておきたいふるさとの野草』（地人書館）の姉妹書という位置づけである。前著では、雑草、野菜、里山の植物という三つの種類の植物を紹介してきた。

これらの植物もまた、人間と共に暮らし、人間によって創られてきた植物だが、それぞれ人間との関わり方も異なるし、植物としての性格もまったく異なる。本書で紹介した園芸用の花々と合わせてお読みいただくことで、人間と植物が織りなす物語もより奥行きのあるものとなるだろう。

最後に、本書を刊行する機会をいただき、編集にご尽力いただいたPHPエディターズ・グループの田畑博文さん、すてきな植物画を描いていただいたサトウナオミさんに謝意を表します。ありがとうございました。

# 文庫版あとがき

文庫版あとがきを書くにあたり、単行本のあとがきを読み返してみた。

そのあとがきは、こんな文章で始まっていた。


「二〇一一年三月、日本は未曽有の大震災に襲われた。」


あれからずいぶん時が経った。

いろいろなことがあった。いろいろな災害や困難があった。楽しい日もあれば、悲しみに暮れる日もあった。

しかし、朝になれば日は昇る。春は決まってやってくる。

そして、季節になれば、当たり前のように季節の花が咲く。

これは、とてもすごいことだ。

あの日があったから、私たちは決まった季節に花が咲くことのすばらしさを、感じることができる。そして、花の美しさをより深く感じることができるのだ。

花はどうして美しいのだろう。

花が嫌いだという人はあまりいない。花を見るとイラつくという人に出会ったことはないし、花を見るのも嫌なほど憎くてたまらないという人も知らない。

世の中にはいろいろな人がいて、いろいろな感性や考えを持っているが、花を見ると誰もが美しいと思うし、花を見ると何となく癒やされる。

もっとも花粉症の人は花を見るのも嫌だという人もいるだろうが、花粉症の原因になるのはスギやヒノキ、イネ科の花粉など、どちらかというと美しい花びらを持たない風媒の花だ。美しく咲く花を見れば、私たちの心は、どこか癒やされる。

花はどうして美しいのだろう。私たちは、どうして花を美しいと感じるのだろう。

単行本のあとがきで投げかけたこの謎に、私はまだまったく近づけていない。

「花とはいったい、何なのか?」「花とは、どんな存在なのか?」

「花」という不思議な存在は、私を惑わせる。

それでも、季節になれば花は咲く……。

ふと、私は思う。

花は花として咲いている。それぞれの花を咲かせている。

それでいいのではないか。それ以上に何が必要だというのか。

花が咲くということは、そういうことだ。そして、おそらく……生きるとはそういうことなのだ。

花を見つめていると、そう思わされずにはいられない。


最後に、本書の文庫版を刊行する機会をいただき、編集に多大なご尽力をいただいた田畑博文さんと山と溪谷社の綿ゆりさんに謝意を表します。お二人の尽力で、また再びすてきな花が咲きました。ありがとうございました。

## 参考文献


有岡利幸『春の七草（ものと人間の文化史146）』法政大学出版局　二〇〇八年
有岡利幸『秋の七草（ものと人間の文化史145）』法政大学出版局　二〇〇八年
石井由紀『伝説の花たち』　山と渓谷社　二〇〇〇年
川上幸男『不思議な花々のなりたち―楽しい花観察108選』アボック社出版局　一九九六年
J．アディソン『花を愉しむ事典―神話伝説・文学・利用法から花言葉・占い・誕生花まで』
八坂書房　二〇〇七年
清水基夫『日本のユリ』　誠文堂新光社　一九七一年
多田多恵子『花の声』　山と渓谷社　二〇〇〇年
田中肇『花の顔』　山と渓谷社　二〇〇〇年
田中肇『花と昆虫、不思議なだましあい発見記』　講談社　二〇〇一年
David Attenborough著・門田裕一監訳『植物の私生活』山と渓谷社　一九九八年
樋口春三編著『花のはなしⅠ』　技報堂出版　一九九〇年
樋口春三編著『花のはなしⅡ』　技報堂出版　一九九〇年
前川文夫『植物の名前の話』　八坂書房　一九九四年
モンソーフルール監修『花屋さんで人気の421種　花図鑑』　西東社　二〇一一年

**稲垣栄洋（いながき　ひでひろ）**
一九六八年静岡県生まれ。
静岡大学大学院農学研究科教授。農学博士、植物学者。
農林水産省、静岡県農林技術研究所等を経て、現職。
主な著書に『身近な雑草の愉快な生きかた』（ちくま文庫）、
『弱者の戦略』（新潮選書）、
『散歩が楽しくなる雑草手帳』（東京書籍）、
『面白くて眠れなくなる植物学』、
『敗者の生命史38億年』（以上、ＰＨＰエディターズ・グループ）、
『生き物の死にざま』（草思社）など多数。

本書は『身近な花の知られざる生態』（ＰＨＰエディターズ・グループ）に加筆を行い、改題のうえ文庫化したものです。

# 花は自分を誰ともくらべない　47の花が教えてくれたこと

二〇二〇年五月一日　初版第一刷発行

著者　稲垣栄洋
発行人　川崎深雪
発行所　株式会社　山と溪谷社
郵便番号　一〇一―〇〇五一
東京都千代田区神田神保町一丁目一〇五番地
https://www.yamakei.co.jp/

■乱丁・落丁のお問合せ先
山と溪谷社自動応答サービス　電話〇三―六八三七―五〇一八
受付時間／十時～十二時、十三時～十七時三十分（土日、祝日を除く）
■内容に関するお問合せ先
山と溪谷社　電話〇三―六七四四―一九〇〇（代表）
■書店・取次様からのお問合せ先
山と溪谷社受注センター　電話〇三―六七四四―一九一九
ファクス〇三―六七四四―一九二七

フォーマット・デザイン　岡本一宣デザイン事務所
印刷・製本　株式会社暁印刷
定価はカバーに表示してあります

Printed in Japan ISBN978-4-635-04883-5